全国高职高专印刷与包装类专业教学指导委员会"十二五"规划教材
包装专业系列教材

软包装生产技术

赵素芬　吕艳娜◎主　编

丁红运　皮阳雪◎副主编
肖　颖　李新芳

涂志刚◎主　审

U0337445

文化发展出版社
Cultural Development Press

内容提要

本书是全国高职高专印刷与包装专业教学指导委员会"十二五"规划教材中的一本。

本教材基于软包装生产的实际工作过程将全书内容分为6个模块，即软包装材料的结构设计、软包装印刷技术、软包装复合技术、软包装分切与制袋、软包装检测与质量控制和软包装生产应用实例。学生通过前5个模块的学习初步具备了完成软包装生产过程需要的职业能力后，再引入实际工作案例将整个生产过程所涉及的核心知识贯穿起来，便于其对学习效果进行自我评价。

本书理论与实践相结合，可以作为高职高专包装类专业基础教材，同时可以作为相关专业在职技术人员的学习参考书。

图书在版编目（CIP）数据

软包装生产技术/赵素芬,吕艳娜主编；丁红运等编著.—北京：文化发展出版社，2012.7（2023.9重印）
（全国高职高专印刷与包装类专业教学指导委员会"十二五"规划教材）
ISBN 978-7-5142-0460-5

Ⅰ.软… Ⅱ.①赵…②吕…③丁… Ⅲ.软包装－包装技术－高等职业教育－教材 Ⅳ.TB484

中国版本图书馆CIP数据核字(2012)第137553号

软包装生产技术

主　　编：赵素芬　吕艳娜
副 主 编：丁红运　皮阳雪　肖　颖　李新芳
主　　审：涂志刚

责任编辑：李　毅　　　　　　　　责任校对：岳智勇
责任印制：邓辉明　　　　　　　　责任设计：韦思卓
出版发行：文化发展出版社（北京市翠微路2号 邮编：100036）
网　　址：www.wenhuafazhan.com
经　　销：各地新华书店
印　　刷：北京建宏印刷有限公司

开　　本：787mm×1092mm　　1/16
字　　数：245千字
印　　张：10.625
印　　次：2012年7月第1版　　2023年9月第6次印刷
定　　价：49.00元
ＩＳＢＮ：978-7-5142-0460-5

如发现印装质量问题请与我社发行部联系　发行部电话：010-88275602

全国高职高专印刷与包装类专业教学指导委员会
"十二五"规划教材（包装专业系列教材）
编审委员会
委员名单

主　　任：曲德森

副主任：李宏葵　　滕跃民　　陈　彦　　曹国荣

秘书长：曹国荣　　徐胜帝

委　　员：（以姓氏笔画为序）

王利婕　王　艳　孙　诚　吴　鹏

李　荣　赵英著　魏庆葆　魏　欣

全国高职高专印刷与包装类专业教学指导委员会
"十二五"规划教材
包装专业系列教材

出版说明

近十几年来，我国高等职业教育发展恰逢历史性的发展机遇，国家在政策鼓励与财力投入上均给予了大力的支持。在蓬勃发展的历程中，高等职业教育迎来挑战，并不断进行改革。教育部高等职业教育的改革与发展纲要指出：高等职业教育的改革与发展要适应区域经济社会发展需要，坚持以服务为宗旨、以就业为导向、走产学研结合发展道路；要以提高质量为核心，加强"双师型"教师队伍建设、教育实训基地建设；要以"合作办学、合作育人、合作就业、合作发展"为主线，突出人才培养的针对性、灵活性与开放性，培养生产、建设、管理方面的高素质技能型专业人才。

高等职业教育的教材作为高等职业教育教学工作的重要组成部分，需要反映职业岗位对人才的要求以及学生未来职业发展的需求，体现职业性与实践性的特点，能满足培养学生综合能力的需要。包装专业高职教育偏重于培养应用型人才，所涉及的知识体系较为庞杂，而现有的大部分包装专业高职教育仍然沿用普通本科教育的教学内容和课程体系，难以满足包装行业及企业一线高技能人才培养需求。

为贯彻国家大力发展高等职业教育、培养高素质技能型专业人才的精神，顺应教育部对高等职业教育改革提出的新要求，全国高职高专印刷与包装类专业教学指导委员会（以下简称"教指委"）通过广泛调研北京印刷学院职业技术学院、天津职业大学、上海出版印刷高等专科学校、安徽新闻出版职业技术学院、深圳职业技术学院、江西新闻出版职业技术学院、中山火炬职业技术学院、郑州牧业工程高等专科学校、广东轻工职业技术学院等全国多所开设有包装专业的职业院校，在深入了解包装行业对人才的需求和各院校教学要求的基础上，规划了一套针对包装专业的高等职业教材——"全国高职高专印刷与包装类专业教学指导委员会'十二五'规划教材"。这套教材包含《包装概论（职业入门）》《包装CAD》《包装装潢设计与制作》《包装设计》《包装实用英语》《包装印刷》《纸箱生产技术》《产品包装检测与评价》《包装产品成本核算》等，出版工作由印刷工业出版社承担，将于2011～2012年期间陆续出版。

一、教材体系重构

为适应教育部对高等职业教育改革的需要，以及各院校教学和人才培养的要求，实现教学与岗位的有机衔接，同时兼顾个性需要，该套教材进行了模块化的体系划分，分为基础课、专业核心课和专业选修课。为了实现教材的针对性、实用性，教材的内容均通过对包装行业及职业岗位群的深入调研与分析确定，各院校可根据区域经济的实际情况灵活安排教学内容，选择使用相应教材。

二、教材特色

全国高职高专印刷与包装类专业教学指导委员会"十二五"规划教材（包装专业系列教材）是一套适应高等职业教育教学改革发展趋势、真正体现职业教育理念的教材，具有以下几方面的特点。

1. 新锐的教学理念

教材以"工学结合、能力为本"的教育理念为指导，将教材内容与行业和企业对人才的要求紧密相连，以职业岗位要求为内容主线，使教学内容与教学过程真正体现职业性与应用性，提升学生的职业素养和就业能力。

2. 系统的教学体系

教材紧扣高等职业教育改革的要求，从行业的实际情况出发，突破了原有的高等职业教育是本科教学体系的简缩版的局限，在基础性专业课程之外，增加了一些特色课程，如包装丝印工艺、凹版印刷技术、纸箱生产技术、包装产品成本核算等，使得不同层次、不同类别的学校，可根据地域差别、教学条件差别、个性需要进行组合，因需施教。

3. 职业的内容设计

教材在对行业、企业和院校广泛调研的基础上，确定了教材的编写方案，根据企业的实际生产流程、典型的工作任务来设计教材内容，坚持"知识＋能力＋技术"一体化的原则，实现"教中学，学中做"的有机融合。

4. 强大的编写队伍

教材采用"骨干教师＋企业技术人员"的编写队伍，以确保教材的实用性。同时为了保证教材的通用性和促进行业发展以及各院校之间的教学交流，组织了全国实力雄厚的院校教师和知名企业的技术人员参与编写，形成了实力雄厚的编写团队。

5. 立体化的教学资源

为方便教师备课与授课，促进教师与学生之间的互动与交流，每本教材均配有相应的PPT课件。

这套教材的出版标志着教指委规划的"十二五"包装高职教材的编写工作迈出了实质性的第一步，希望教材编审委员会和有关院校在总结已有经验的基础上继续做好后续教材的编写工作。同时，由于教材编写是一项复杂的系统工程，难度很大，希望有关院校在使用过程中将教材的问题及时反馈给我们，也希望行业专家不吝赐教，以利我们继续做好教材的修订工作，真正编写出一套能代表当今产业发展需求，体现职业教学特点的教材。

全国高职高专印刷与包装类专业教学指导委员会

2011年8月

课程设置

课程名称：软包装生产技术
适用专业：包装技术与设计、复合材料加工与应用技术（软包装方向）
建议学时：96学时（48学时理论教学，48学时实践教学）

课程性质

本课程是高职高专包装技术与设计、复合材料加工与应用技术（软包装方向）等专业的核心课程。通过本课程的学习，使学生学会合理选用软包装材料，理解软包装印刷工艺、软包装复合工艺、软包装分切与制袋工艺及软包装检测与质量管理方法，具备软包装加工工艺设计与实施的能力，为学生适应软包装企业相应岗位工作打下坚实的专业基础。

课程设计理念

课程设计紧紧围绕软包装企业岗位的实际需求，以职业能力培养为重点，以软包装生产过程为主线，根据企业对生产技术人员知识、能力和素质的要求来设计课程教学内容。在内容编排上按照软包装材料的结构设计—软包装印刷—软包装复合—软包装分切与制袋—软包装检测的生产过程展开，并通过实例使真实的工作任务及其过程在整个教学内容、教学环节中得到体现，重点突出对学生的实践能力和创新能力的培养。

教材特色

☆打破传统的以知识体系组织教材内容的现状，以项目的形式实施教学，按照工作过程设计各项目，贯彻"做中教、做中学"的教育理念，符合高职教学目标。

☆案例、工艺单、部分检测标准等源于企业生产实际，充分体现了教材内容的职业性和实用性。

☆本书内容以"必需"、"够用"为度，难度适中，操作性强，符合高职学生的认知特点。

☆本书提供了较为翔实的多媒体课件、企业检测标准和设备图片，便于学生自主学习，拓宽视野。

☆本书由国家示范高职院校的骨干教师和企业的技术人员合作编写而成，力求教材内容的实用性，利于学生顶岗实习和院校与企业之间的教学交流。

学习指导

编者提倡在教学过程中灵活地使用本教材。

☆对于每个项目内的操作训练题，教学中可以根据实训条件适当调整，也可以引入其他情境或任务，但要充分考虑学生具有的知识水平和实际操作能力，实现在操作中能够应用已学知识，并使新知识得以巩固、加深和迁移。

☆教学组织以学生为主体，有条件的可以选择实训基地作为课堂，使学生边学边练，形成专业学习和岗位工作交替进行的模式。

☆教学内容可以根据专业方向的不同进行删减。

教学学时分配

　　《软包装生产技术》课程构建了"一体化、多层次、开放式"的项目教学实施体系，以来源于企业生产一线的工作任务为载体设计教学活动，按照软包装生产加工过程设计学习过程。各部分教学内容的参考学时如下：

序号	教学内容		建议学时
1	项目一 软包装材料的 结构设计	任务一　软包装材料特性	12
2		任务二　软包装材料的结构设计	
3	项目二 软包装印刷技术	任务一　凹版印刷	24
4		任务二　柔性版印刷	
5	项目三 软包装复合技术	任务一　软包装干式复合技术	28
6		任务二　软包装挤出复合技术	
7		任务三　软包装无溶剂复合技术	
8	项目四 软包装分切与制袋	任务一　软包装分切	12
9		任务二　软包装制袋	
10	项目五 软包装检测与 质量控制	任务一　软包装检测	16
11		任务二　软包装质量问题及解决办法	
12	项目六　豆腐花包装袋的生产实例详解		4
	总　　计		96

　　本课程评价的重点是关注学生的学习过程和结果，摒弃传统的答卷考试的单一评价方式，坚持专业知识和技能水平综合评价的原则，将过程评价和总结性评价相结合。评价包括知识和技能掌握情况，职业素质养成情况，操作任务完成质量情况，突出能力评价优先的特点，将学生能力素养的考核放在重要的位置。课程的考核由出勤、课堂参与及表现、实训操作和期末考核四个部分组成，各占比例为10%、20%、40%和30%，具体如下：

项目编号	考核内容	分　值
1	出勤	10
2	课堂参与及表现	20
3	实训操作	40
4	期末考核	30

P reface 前 言

在现代包装产业中，软包装以绚丽的色彩、丰富的功能、形式多样的表现力成为货架销售最主要的包装形式之一。软包装行业的进步极大地促进了食品、日化、医药等行业的发展，这些行业的发展反过来又进一步拉动了对软包装市场的需求，使软包装行业获得了巨大的市场动力。近二十多年来，我国从日本、欧洲等地引进了百余条先进的软包装设备及生产线，这些设备的制造水平已经接近或者达到发达国家水平，客观上造成了实践走在理论前面。由于软包装方面的书籍较少，而相关的高职高专教材几乎是空白，因此从行业的实际发展和岗位要求出发，编写理论与实践相结合的、满足高职教学需要的软包装生产技术类教材显得尤为重要。

在全国高职高专印刷与包装类专业教学指导委员会的统一规划及印刷工业出版社大力协助下，我们组织编写了这本符合高职教育特点的《软包装生产技术》。本教材按照包装技术与设计、复合材料加工与应用技术专业（软包装方向）等专业人才培养目标的要求，基于软包装生产的实际工作过程将全书内容分为六个模块，即软包装材料的结构设计、软包装印刷技术、软包装复合技术、软包装分切与制袋、软包装检测与质量控制和应用实例。每个模块是一个大项目，其中包含的任务则是一个小项目，小项目嵌套在大项目中，大小项目都是一个完整的工作。当学生通过前五个模块的学习初步具备了完成软包装生产过程需要的职业能力后，再引入实际工作案例将整个生产过程所涉及的核心知识贯穿起来，便于其对学习效果进行自我评价。这样的教材设计既符合高职学生的认知规律，又充分体现了职业性和实践性。

本教材由中山火炬职业技术学院赵素芬、广东轻工职业技术学院吕艳娜主编。项目一和项目三中的任务三由广东轻工职业技术学院丁红运编写；项目二中的任务一由中山火炬职业技术学院皮阳雪编写；项目二中的任务二由上海出版高等专科学校肖颖编写；项目三中的任务一和项目四由中山火炬职业技术学院赵素芬编写；项目三中的任务二和项目六由广东轻工职业技术学院吕艳娜编写；项目五由中山火炬职业技术学院李新芳编写。全书由赵素芬和吕艳娜统稿，中山火炬职业技术学院涂志刚审定。

本书在编写过程中得到了多方的大力支持和帮助，佛山市南海南荣塑料印刷有限公司和中山朗科包装有限公司为本书提供了案例和质量管理相关资料，印刷工业出版社专业教材出版中心张宇华主任、刘淑婧编辑认真履行职责并提出很多建设性意见，在此一并表示感谢和敬意。同时感谢中山天彩包装有限公司提供实习机会，为编写人员深入一线调研软包装行业相关职业技能和岗位需求创造了条件。由于时间仓促，未能对编写过程中所参考的文献资料的出处一一列出，恳请本书所涉及的单位和个人谅解，并深表感谢。

　　本书的每位编者都倾注了大量的心血，但由于编写水平有限，书中难免有疏漏，敬请广大读者批评指正。

编　者
2012年5月

Contents 目 录

项目一
软包装材料的结构设计

任务一 软包装材料特性

知识目标

1. 了解软包装的概念和应用。
2. 掌握软包装常用材料的性能。
3. 理解软包装材料薄膜选用的规律。

能力目标

1. 学会软包装基材的识别。
2. 学会针对不同的产品进行软包装材料的选用。

一、认识软包装

（一）概念

根据国家标准 GB/T 4122.1—2008《包装术语基础》，软包装的定义为：在充填或取出内装物后，容器形状发生变化的包装。该容器一般用纸、纤维制品、塑料薄膜或复合包装材料等具有柔软性和韧性的包装材料制成，这类材料即是软包装材料。

所谓复合软包装材料是指采用层合、挤出和涂布等复合工艺和技术，将两种或两种以上不同材质的单层基材材料（薄膜）进行复合而形成的复合层结构的柔性包装材料。软包装之所以能在整个包装业中异军突起，是因为其有自身的独特之处，软包装的特点主要表现在选材广，工艺先进，生产效率高，成本低和运输、销售、使用便捷等方面。

（二）软包装的应用

软包装主要应用在食品包装、药品包装和日化商品包装等领域。

1. 食品包装

食品放置在空气中，会发生各种变化（如腐败、酸败、变色、干燥或吸湿等），导致无法食用。食品变质除了自身的原因外，还与其所处的环境条件有很大关系。这些环境条件主要包括氧气浓度、温度、pH 值等。因此，作为食品用复合软包装首要功能就是减少环境因素对食品的不利影响，防止食品过快变质。食品用软包装材料的应用形式有真空包装、气调包装、防潮包装、无菌包装和热收缩包装等，如图 1-1 所示的食品真空包装。

2. 药品包装

药品是一种高附加值的产品，其对于安全性、可靠性有很高要求。因此，药用软包装需要同时兼顾对药品的保护功能及携带和使用的便利性。按照材质划分，常见的药用软包装材料包括药品包装用复合膜、袋，药品包装用铝箔（PTP 铝箔），聚氯乙烯（PVC）或非 PVC 多层共挤输液膜、袋，铝塑封口垫片，纸及复合纸袋等，如图 1-2 所示的药品泡罩包装。

图 1-1　食品真空包装

图 1-2　药品的泡罩包装

3. 日化商品包装

由于软包装具有外观绚丽、功能丰富、表现力多样等特点，使之成为日化商品最主要的包装形态之一，如图 1-3 所示的日化产品包装。

图 1-3　日化用品中的加嘴或仿嘴自立袋

二、软包装常用材料

软包装常用的基材以塑料薄膜为主，还包括纸、铝箔等材料。不同薄膜的性质不同，其用处也不同，下面介绍几种常用的软包装基材。

（一）纸张（PAPER）

（1）特点

① 机械适应性好，易于加工成型，有一定的强度、弹性及撕裂性，但其强度与温湿度、材料厚度和质量、加工工艺及表面状况有密切联系。

② 有一定的气体、光线、水分等的渗透性。

③ 印刷适性好。

④ 可回收利用，环境污染小。

⑤ 未经处理的纸张中可能含有一定的有害杂质。

图 1-4　大米包装袋

（2）应用

纸可以单独或作为复合软包装材料的基材，用于休闲食品包装、药品包装等。图 1-4 所示大米包装袋的材料结构为 PE/ 纸 /PE/ 塑料织物 /PE。

（二）薄膜

1. 聚乙烯薄膜（PE）

（1）低密度聚乙烯（LDPE）薄膜

① 特点。

a. 化学性能稳定，不溶于一般溶剂，阻湿性、耐药品性能优良。

b. 透气性大，保香性差，耐油脂性差。

c. 伸长率大，耐冲击强度大，柔软性、韧性好。

d. 耐寒、耐低温性优良，不耐高温。

e. 无毒、无臭、无味、透明性好。

f. 薄膜软化温度为 80~90℃，熔点为 110~120℃，热封性优良。

② 应用。

LDPE 的应用范围包括食品包装、纤维制品包装、日化用品包装以及药品包装等，还可以作为复合软包装材料的热封层。图 1-5 所示的榨菜包装，其材料可设计为 BOPP/VMPET/LDPE 结构，其中 LDPE 作为无毒无味的热封材料。

（2）高密度聚乙烯（HDPE）薄膜

① 特点。

a. 薄膜的延伸性小，抗张强度、耐冲击强度大。

图 1-5　榨菜包装

b. 化学稳定性、防潮性、耐热性、耐油性均优于 LDPE 薄膜。

c. 半透明，外观为乳白色，表面光泽差。

d. 热封合容易，能重复热封。

e. 耐热性较好，且在低温下也能表现出较好的强度。

f. 无毒、无臭、无味。

② 应用。

主要用于防潮袋、方便袋（背心袋）、垃圾袋，也用它的共挤薄膜来制作奶制品及冷冻食品的包装等。图1-6所示的冷冻食品包装，其材料为HDPE/EVA，利用了HDPE无毒无味、耐高低温性能优良以及价格低廉的优势。

图 1-6　冷冻食品包装

（3）线性低密度聚乙烯（LLDPE）薄膜

① 特点。

a. 有良好的抗张强度和冲击强度，柔软且韧性好，耐油性、耐化学性优于LDPE。

b. 熔点比LDPE高10~20℃，低温脆化温度比LDPE低20~30℃。

c. 无毒、无臭、无味，透明性好，光泽性好。

d. 热黏合性很好，且热封强度同热封温度关系不大，热封温度范围宽、强度高。

② 应用。

LLDPE可制成垃圾袋、冰袋、杂货商品袋、重包装袋以及缠绕包装袋等，也可用于复合软包装材料的内封层，同LDPE相比使制袋的密封性更加可靠，封口处热封强度更高，但成本要比LDPE高。图1-7所示的液体清洁剂的包装材料结构：BOPA/LLDPE，LLDPE作为内封材料，抗封口污染性好。

（4）茂金属聚乙烯（MLLDPE）

① 特点。

a. 更低的热封温度。

b. 突出的抗污染可热封能力。

c. 更高的热合强度。

d. 价格较贵。

图 1-7　液体清洁剂包装

② 应用。

茂金属聚乙烯常用于粉末、液体物质包装的热封层，如图1-8所示的奶粉包装结构为PET/Al/MPE。

2. 聚丙烯薄膜（PP）

（1）双向拉伸聚丙烯（BOPP）

① 特点。

a. 由于分子的定向作用，结晶度提高，抗张强度、冲击强度、刚性、韧性、阻湿性、透明性都有所提高，薄膜的耐寒性也提高。

b. 有较好的阻气性和防潮性。

图 1-8　奶粉包装

c. 透明度高，光泽好、印刷适性好。

d. 无毒、无臭、无味，可直接用于同食品和药品接触的场合。

② 应用。

BOPP 薄膜有普通膜、消光（亚光）膜、珠光膜、热封膜、烟膜等类型。其中以消光膜和珠光膜最为常见，如图 1-9 所示。

（a）BOPP消光膜　　　　（b）BOPP珠光膜

图 1-9　BOPP 消光膜和 BOPP 珠光膜

BOPP 消光膜的表层为消光（粗化）层，质感像纸张，手感舒适。有遮光作用，光泽度低；消光表层滑爽性好，膜卷不易粘连；拉伸强度比通用膜略低。

BOPP 珠光膜是一种三层共挤复合膜，由两层热封共聚 PP 夹一层含有碳酸钙母料的均聚 PP 共挤成片。BOPP 珠光膜不仅有银白珠光色，可以反射光线，而且其阻气阻水性能比其他品种的 BOPP 膜优良，它的密度比一般 BOPP 膜低 28% 左右，而价格比双面热封型 BOPP 膜仅高 10% 左右。因此，使用 BOPP 珠光膜是比较经济的。

BOPP 薄膜广泛应用于食品、医药、日用轻工、服装、香烟等包装材料领域，并大量用作复合膜的基材。图 1-10 所示的薯片充气包装的材料结构为 BOPP/VMPET/CPP，BOPP 作为外层材料，其印刷适性好，光泽好，综合强度好，价格适中。

图 1-10　薯片包装袋

（2）流延聚丙烯薄膜（CPP）

① 特点。

a. 耐油脂性优良，耐化学药品性好。

b. 有适中的强度和优良的阻湿性。

c. 耐寒性差，耐热性好。

d. 透气性大，易产生静电，易吸附灰尘。

e. 无毒、无臭、无味，卫生性好。

f. 光泽性、透明性优良，比重是通用型树脂中最轻的一种。

g. 具有良好的热封性。

② 应用。

主要用于复合膜内封层，适合含油脂物品包装、耐蒸煮包装。图 1-11 所示的饮料袋材料结构为 PET/Al/CPP，CPP 作为内封层，具有良好的热封性，无毒、无臭、无味，卫生性好。

图 1-11　饮料包装袋

3. 聚酯（PET）薄膜

PET 的全称是聚对苯二甲酸乙二（醇）酯，聚酯薄膜中以双向拉伸聚酯薄膜（BOPET）应用最广。

（1）特点

①机械强度高，其抗张强度是 PE 的 5~10 倍。

②耐热性、耐寒性好，耐冷冻、耐高温蒸煮。

③耐油性、耐化学药品性好，大多数溶剂除硝基苯、氯仿、苯甲醇外，都不能使它溶解，耐酸但不耐强碱。

④耐水性好，吸水率低，阻湿性较好，阻气性佳，保香性好。

⑤透明度好，光泽度高。

⑥防紫外线透过性差，易于集聚静电，印刷前应进行静电处理。

⑦不易热封。

（2）应用

PET 薄膜可以用作复合膜表层印刷材料，适用于冷冻食品、药品、工业品和化妆品的包装，也可以镀铝或涂覆 PVDC，广泛用于茶叶、奶粉、糖果、饼干等包装。图 1-12 所示的湿纸巾包装材料的结构为 PET/VMPET/CPP，应用 PET 耐化学药品性好、耐水性好、吸水率低、保香性好等特点。

图 1-12　湿纸巾包装

4. 双向拉伸尼龙（BOPA）薄膜

（1）特点

① BOPA 是一种强韧性很大的薄膜，有良好的抗张强度、伸长率、撕裂强度及耐磨性。

②耐针刺性优良，印刷性好。

③低温特性优良，有广阔的使用温度范围，从 -60~200℃。

④ 耐油、耐有机溶剂、耐药品性、耐碱性优良。

⑤ 吸潮、透湿性较大，吸湿后尺寸稳定性不好。

⑥ 挺度差，易起皱，易于集聚静电，热封性差。

（2）应用

BOPA 主要用作复合膜的表层和中间层，可用来制成含油物品包装、冷冻包装、真空包装、蒸煮杀菌包装。图 1-13 所示的袋装咖啡的外包装结构为 BOPA/Al/PE、BOPA/VMPET/PE 等，其中 BOPA 具有良好的印刷适性，并有一定的强度。

图 1-13　咖啡包装

5. 聚偏二氯乙烯（PVDC）薄膜

（1）特点

① 机械强度好，但挺度差，过于柔软并易粘连，操作性不良。

② 化学稳定性优良，能耐强酸、强碱、油和多数有机溶剂。

③ 防潮性、气密性和保香性极佳。

④ 透明度较高。

⑤ 价格相对较高。

（2）应用

PVDC 薄膜按照工艺可分为挤出膜和涂覆膜等，主要用于制作复合薄膜的阻隔层，用于制造奶粉、茶叶等需防止吸潮食品的包装袋以及需要耐油性能、阻隔性能好的食用油软包装等。图 1-14 所示为采用纸张与高阻隔性材料制成的奶粉包装，常见的结构为 PVDC/ 纸 /Al/PE、纸 /PVDC/PE、纸 /PVDC/VMPET/PE 等。

6. 乙烯 – 乙烯醇共聚物（EVOH）薄膜

（1）特点

① 机械强度、伸缩性、耐磨性及表面强度优异。

② 有极佳的阻氧、保香性和耐油性。

③ 透明度和光泽度好。

④ 耐寒性好。

⑤ 吸湿性强，吸湿后使其阻隔性降低。

（2）应用

EVOH 薄膜通常是与阻湿性材料一起制成复合薄膜，用于香肠、火腿等肉制品、快餐食品的包装。图1-15所示的输液袋材料结构为PET/EVOH/PP，利用EVOH透明度好、隔氧性能佳等优点。

图1-14 奶粉纸塑复合包装袋

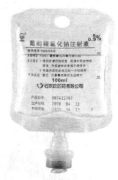

图1-15 软包装输液袋

（三）金属

1. 铝箔（Al）

铝箔是用高纯度的铝经过多次压延后形成的极薄形式的薄片，是优良的导热体和遮光体。包装用铝箔的纯度在99.5%以上。

（1）特点

① 机械特性好，能够满足自动包装机械的使用要求，但缺乏柔软性。撕裂强度低，在折叠处易断裂。易于加工，能和塑料薄膜、纸张等包装材料复合并便于着色和印刷。

② 重量轻、有利于降低运输费用。

③ 无热黏合性，不耐酸、碱，易卷曲。

④ 具有金属光泽，遮光性好，对光有较强的反射能力，反光率可达95%。

⑤ 不易被腐蚀，阻隔性好，防潮防水，气密性强，并具有保香性。

⑥ 高温和低温时形状稳定，温度在-73~371℃时不涨缩变形。

（2）应用

铝箔主要用作药用PTP包装基材、高温蒸煮食品包装、阻隔性包装（如香精、香料等）和电磁屏蔽包装等。图1-16所示的铝箔高温蒸煮袋的材料结构为PET/Al/CPP、PA/Al/CPP、PET/PA/Al/CPP等，其中铝箔都是作为阻隔材料，其性能特点得以充分发挥。

2. 镀铝膜

真空镀铝膜是在高真空状态下，将铝的蒸气沉淀堆积到各种基膜上的一种薄膜，镀铝层的厚度一般为350~400Å。

（1）特点

① 有金属光泽，气体的阻隔性大。

② 镀铝厚度在40~50nm之间。

③ 主要的不足在于铝与基材的附着牢度不高，经复合加工后容易出现镀铝层转

图1-16 铝箔高温蒸煮袋

移现象。

（2）应用

镀铝膜主要用在轻质、非蒸煮的阻隔性包装，如海苔包装、膨化食品、饼干的包装等。图 1-17 所示的饼干包装的材料结构为 BOPP/VMCPP，其中 VMCPP 既起到了中间阻隔性材料，同时 CPP 面担当了热封层，材料成本比较低。

图 1-17 饼干包装袋

思考题

1. 请说明 LDPE、HDPE、LLDPE 的区别和联系。
2. CPP 作为高温蒸煮袋的内层是利用了其哪些特性？

操作训练

通过市场调研，分析 3~5 种商品软包装的材料结构。

任务二 软包装材料的结构设计

知识目标

1. 了解复合材料的常规形态及各层材料的要求及作用。
2. 理解复合软包装材料结构设计的目的。
3. 掌握复合软包装材料的结构设计方法。

能力目标

能够进行复合软包装材料的结构设计。

复合软包装材料的结构设计是整个复合软包装生产工艺中的灵魂，是包装生产的前提条件，一个合理的结构设计应该从成本、使用性能和加工性进行综合考虑。

一、复合软包装材料各层材料的要求

复合软包装材料中的"复合"实际上是"层合"的意思，是将不同性质的薄膜或其他柔性材料黏合在一起，再经封合，起到承载、保护及装饰内装物的目的。软包装的层合结构按照不同的组合方式，可以有很多形式的分类。但常规的结构通常用外层、中间层、内层、黏合层等来区分。

（一）外层材料

外层材料通常选用机械强度好、耐热、印刷性能好、光学性能好的材料。目前最为常用的是聚酯（PET）、尼龙（NY）、拉伸聚丙烯（BOPP）、纸等材料。外层材料的要求及作用如表1-1所示。

表1-1 外层材料的要求及作用

要　求	作　用
机械强度	抗拉、抗撕、抗冲击、耐摩擦
阻隔性	防湿、阻气、保香、防紫外线
稳定性	耐光、耐油、耐有机物、耐热、耐寒
加工性	摩擦系数、热收缩卷曲
卫生安全性	低味、无毒
其他	光泽、透明、遮光、白度、印刷性

（二）中间层材料

中间层材料通常是用于加强复合结构的某一性能，如阻隔性、遮光性、保香性、强度等特性。目前最为常用的是铝箔（Al）、镀铝膜（VMCPP、VMPET）、聚酯（PET）、尼龙（NY）、聚偏二氯乙烯涂布薄膜（KBOPP、KPET、KONY）、EVOH等材料。中间层材料的要求及作用如表1-2所示。

表1-2 中间层材料的要求及作用

要　求	作　用
机械强度	抗张、抗拉、抗撕、抗冲击
阻隔性	隔水、隔气、保香
加工性	双面复合强度
其他	透明、遮光

（三）内层材料

内层材料最为关键的作用是封合性，内层结构直接接触内装物，因此要求无毒、无味，耐水、耐油。常用的材料是流延聚丙乙烯（CPP）、乙烯－醋酸乙烯酯共聚物（EVA）、聚乙烯（PE）及其改性材料等。内层材料的要求及作用如表1-3所示。

表 1-3 内层材料的要求及作用

要 求	作 用
机械强度	抗拉、抗张、抗冲击、耐压、耐刺、易撕
阻隔性	保香、低吸附性
稳定性	耐水、耐油、耐热、耐寒、耐应力开裂
加工性	摩擦系数、热黏性、抗封口污染、非卷曲
卫生安全性	低味、无毒
其他	透明、非透明、防渗透

（四）黏合层

黏合层的作用是将相邻的两层材料黏结在一起形成复合结构，根据相邻材料的特性和复合工艺，可以采用黏合剂或黏合树脂作为黏合层材料。黏合层和被黏合材料间的黏合强度是评价复合包装材料内在性能的重要指标，不同的包装要求对该指标的要求也不尽相同。

二、复合软包装材料的结构设计

复合软包装材料的结构设计有以下四个步骤：内装物对包装的要求分析、材料选用、材料厚度确定和验证。

（一）包装对象要求分析

1. 各种类型产品对包装的要求

① 食品药品包装。考虑其保护性、卫生安全性、阻隔性和包装方式等。

② 日化产品包装。大多是直接面对消费者，需考虑其保护性、美观性、方便性、货架展示性等。

③ 电子产品包装。考虑其保护性、防震性、抗静电性、屏蔽性、阻隔性等。

④ 一般工业品包装。考虑其保护性、包装作业性、商品的展示性、运输性等。

⑤ 机械零件的包装。考虑其保护性、功能性、防锈性、运输性等。

2. 包装内容物性能分析

以食品包装为例，需要考虑以下几方面。

① 食品成分：酸、咸、辣、香、酒精、油脂等。

② 食品的形态：块状食品，如饼干、薯片；粉末状食品，如奶粉、面粉；颗粒状食品，如咖啡、糖果；液态食品，如饮料、鲜奶等。

③ 内装物是否带骨刺，保存期要求等。

3. 充填包装的要求

① 充填、封口方式：自动、手动、速度快慢、充填温度。

② 袋内的气体成分：真空、充气、保护性气体的类型。

③ 袋内添加物：脱氧剂、干燥剂。

④ 包装形式：三边封袋、四边封袋、枕形袋、折帮背封袋（带 M 型褶边的枕形

袋）、直立袋、异形袋等。

4. 包装后处理要求

杀菌方式：常温袋、巴氏消毒、水煮袋、高温蒸煮袋、超高温蒸煮袋。

5. 流通陈列要求

① 运输方式：公路运输、铁路运输、海运、空运。

② 流通储存温度：冷冻、冷藏、常温。

③ 陈列方式：单放、堆放、吊放。

6. 附加功能

易开启、有拎环、易灌入、防伪、抗菌。

7. 外观创意要求

① 透明性：高透明、阻光型、阴阳袋等。

② 质感：金属感、纸感、柔软、刚硬。

③ 表面光泽：亚光、强光泽。

8. 生产工艺要求

考虑各种包装基材与黏合剂、油墨的相容性。

（二）软包装结构设计

原材料的选用是复合软包装材料结构设计最关键也是最基本的一个环节。原材料选择的合理性是复合软包装材料结构设计成功与否的关键，目前企业里最常用的就是参照法。即参照现有或已被应用于相同或相近内装物特性的包装材料，进行设计与选用。参照技巧最理想的是全盘参照。全盘参照是指材料的规格、尺寸及其他相关参数全部参照现有的同类或相近产品进行。有的甚至选定材料后对包装结构、造型也进行参照。全盘参照必须注意所要包装的产品特性与所参照的产品相近，同时在包装规格、数量、销售环境及贮运条件也应相同或相近。

1. 材料结构分析

① 用测厚仪测总厚。

② 用分析纯四氢呋喃溶液浸泡 24~72h。

③ 用手剥开每一层，再用测厚仪测每一层。

④ 用材料规格通用性判断每一层材料或燃烧法判定。

⑤ 确定产品结构。

⑥ 常见材料的厚度规格。一般常用的 BOPP 有 19μm、28μm、38μm 三种厚度，BOPET 厚度为 12μm，BOPA 膜厚度为 15μm，Al 为 9μm 或 7μm。

2. 常见薄膜的鉴别方法

（1）感观法

拿到一种薄膜后，先进行拉伸，不容易拉伸的膜有 BOPA、BOPET 和 BOPP，容易拉伸的有 CPP、PE、EVA 膜等，再查看其外观，如光泽度、透明度、挺度等。在不易位伸膜中，无色透明、表面有光泽、光滑而且比较挺实的薄膜是 BOPP 或 PET，抖动薄膜发出清脆的声音的是 PET，受潮后变软的是 BOPA；在容易拉伸的薄膜中，透明薄膜经揉搓后变为乳白色的是 PE、PP，透明度较差的是 PE，并且在拉伸过程不容易断的也是 PE，容易断的是 PP，手感柔软的是 EVA。

（2）燃烧法

将小片薄膜用火点燃，观察其性质与状态的变化、燃烧的难易程度、自燃性的有无（离开火焰后是否继续燃烧）、臭味、火焰及烟的颜色、燃烧后残渣的颜色和状态等。一般的薄膜在点火后都可燃烧，而聚氯乙烯、聚偏二氯乙烯等则是难燃型薄膜。但不同的薄膜，燃烧时生成的火焰性质和状态各不相同，如表 1-4 所示。

表 1-4 常见薄膜燃烧现象

塑料名称	可燃性	自燃性	火焰焰色	火焰气味	燃烧后塑料形态	备 注
聚乙烯	易	无	上端黄色，下端蓝色	有石蜡燃烧的气味	熔融，滴落	浮在水上
聚丙烯	易	无	上端黄色，下端蓝色，少量黑烟	有石油味	熔融，滴落	浮在水上
聚氯乙烯	难	离火自熄	黄色，下端绿色，白烟	刺激性酸味	软化且变黑	沉入水中
氯乙烯－醋酸乙烯共聚物	难	离火自熄	暗黄色	特殊气味	软化	沉入水中
聚偏二氯乙烯	很难	离火自熄	黄色，端部绿色	特殊气味	软化	沉入水中
尼龙	慢慢燃烧	慢慢熄灭	蓝色，上端黄色	烧焦羊毛味	熔融，滴落	沉入水中
聚酯	易	无	黄色带黑烟	强烈的苯乙烯味	微膨胀	沉入水中

（三）各层厚度的确定

1. 厚度确定的方法

从包装成本和性能要求两方面考虑，复合软包装材料各层的厚度选择是应认真权衡的。一般来说，热封层可以通过市场通用化和标准化来确定，强度支持层一般根据被包装产品的重量确定，而功能材料的厚度一般由产品的货架寿命确定。理论上确定软包装复合材料厚度的方法如下：

① 根据被包装产品的最大允许吸水量或产品的最大允许脱水量确定，该方法主要适应产品的防潮包装设计，其关键是计算软包装复合材料的透湿系数。

② 根据被包装产品的最大允许氧气吸收量确定，该方法主要适合产品对氧气非常敏感的产品阻隔性包装，其关键是计算软包装复合材料的透氧系数。

③ 根据单位体积或单位表面积最大允许微生物的数目确定，该方法主要适合

产品对微生物非常敏感的防霉包装，其关键是确定产品微生物的种类及其繁殖生长的规律等。

④ 根据包装容器允许的最大透二氧化碳量或透氧量确定，该方法主要针对产品的充气保鲜包装，具有生命活性的产品既需要氧气保鲜或保持鲜艳的色泽，又需要高浓度的二氧化碳来抑制微生物的生长繁殖，其关键是计算软包装复合材料的透氧系数和透二氧化碳系数。

产品包装时，有时候既要达到防潮包装的目的，又要达到阻氧包装或防霉包装的目的。因此，一般先以产品包装的某种主要包装目的和产品货架寿命确定复合包装材料的厚度，再根据材料的厚度和另一种包装目的估算所设计包装的理论保质期，来验证设计包装的合理性。

2. 复合材料阻透性计算

多层复合材料的阻透性公式：

$$1/P = T_1/P_1 + T_2/P_2 + T_3/P_3$$

式中　　T_1、T_2——各复合层厚度；

　　　　P_1、P_2——各透过系数；

　　　　P_3——复合材料的总透过系数，层数越多、越厚，阻透性好，总的阻透性好。

（四）验证

用设计好的包装进行试验，验证设计的结构是否满足包装对象和客户的要求。

三、复合软包装材料的结构设计应用实例

（一）蒸煮包装袋

1. 包装要求

用于肉类、禽类等包装，要求包装阻隔性好，耐骨头刺穿，在蒸煮条件下杀菌不破、不裂、不收缩、无异味。

2. 设计结构

① 透明类：BOPA/CPP，PET/CPP，PET/BOPA/CPP，BOPA/PVDC/CPP，PET/PVDC/CPP，GL-PET/BOPA/CPP。

② 铝箔类：PET/Al/CPP，PA/Al/CPP，PET/PA/Al/CPP，PET/Al/PA/CPP。

3. 设计理由

① PET：耐高温、刚性好、印刷性好、强度大。

② PA：耐高温、强度大、柔韧性、阻隔性好、耐穿刺。

③ Al：最佳阻隔性，耐高温。

④ CPP：为耐高温蒸煮级，热封性好，无毒无味。

⑤ PVDC：阻隔材料。

⑥ GL-PET：陶瓷蒸镀膜，阻隔性好，透微波。

对于具体产品选择合适结构，透明袋大多用于蒸煮，Al箔袋可用于超高温蒸煮。

（二）饼干包装

1. 包装要求

阻隔性好、遮光性强、耐油、强度高、无臭无味、包装挺括。

2. 设计结构

BOPP/EXPE/VMPET/EXPE/S–CPP。

3. 设计理由

① BOPP 刚性好、印刷性好、成本低。

② VMPET 阻隔性好、避光阻氧、阻水。

③ S–CPP（改性 CPP）低温热封性好、耐油。

（三）液体清洁剂立体袋

1. 包装要求

强度高、耐冲击、耐爆裂、阻隔性好、刚性好能挺立、耐应力开裂、封口好。

2. 设计结构

① 立体：BOPA/LLDPE；底：BOPA/LLDPE。

② 立体：BOPA/ 强化 BOPP/LLDPE；底：BOPA/LLDPE。

③ 立体：PET/BOPA/ 强化 BOPP/LLDPE；底：BOPA/LLDPE。

3. 设计理由

上述结构阻隔性好，材料刚性大，适于立体包装袋，底部柔性好适于加工。内层为改性 PE、抗封口污染性好。强化 BOPP 增加了材料机械强度，并加强了材料的阻隔性能。PET 提高了材料的耐水性能与机械强度。

⑦ 思考题

1. 复合软包装结构设计的目的和意义是什么？

2. 复合软包装选材需要注意哪些问题？

⑦ 操作训练

请根据洗衣粉包装袋的设计要求，选择合适的薄膜基材及材料结构。设计要求为强度高、耐跌落、挺括、防潮避光、美观度较好、成本较低。

项目二
软包装印刷技术

任务一　凹版印刷

知识目标

1. 了解凹版印刷工艺及设备组成。
2. 了解常用承印材料的印刷性能。
3. 了解常用凹版印刷油墨的种类和特性。
4. 了解凹版印刷油墨的配制原理。
5. 掌握印刷色序的安排依据。
6. 了解科赛套色系统的工作原理。

能力目标

1. 熟练掌握几种常用承印材料的印刷适性。
2. 学会凹版印刷油墨的配制方法。
3. 掌握凹版印刷机各部件的调节方法。
4. 学会用科赛套色系统完成套印控制。
5. 学会常见印刷故障的分析和解决方法。

一、认识凹版印刷

（一）凹版印刷工艺

凹版印刷（简称凹印）是传统四大印刷方式之一，它是一种直接的印刷方法，它将凹版凹坑中所含的油墨直接压印到承印物上，所印画面的浓淡层次是由凹坑的大小及深浅决定的，如果凹坑较深，则含的油墨较多，压印后承印物上留下的墨层就较厚；相反如果凹坑较浅，则含的油墨量就较少，压印后承印物上留下的墨层就较薄。图文部分的凹陷程度则随着图像深浅不同而变化，以此来呈现原稿上晕染多变的浓淡层次。印刷时，先使印版滚筒浸没在墨槽中或用传墨辊传动，使凹下的图文部分内填满油墨。然后用刮墨刀刮去附着在空白部分的油墨。使填充在凹陷区空穴中的油墨，在适当的印刷压力下，被转移到承印物表面。如图 2-1 所示。凹版印刷作为印刷工艺的一种，以其印制品墨层厚实，颜色鲜艳、饱和度高、印版耐印力高、印品质量稳定、印刷速度快等优点在印刷包装及图文出版领域内占据极其重要的地位。其主要缺点有：印前制版技术复杂、周期长，制版成本高；由于采用挥发型溶剂，车间内有害气体含量较高。

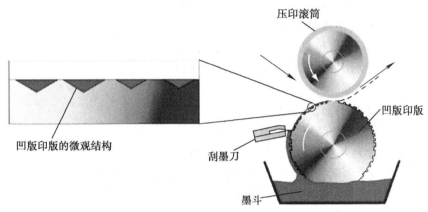

图 2-1 凹版印刷原理

（二）凹版印刷设备

常见的凹版印刷机，主要有并列式多色凹版印刷机和层叠式多色凹版印刷机。

并列式多色凹版印刷机各色组并列排立，操作方便，油墨供应方便，容易控制，但占地面积大。以常用的 7~12 色组为例，按照 12 色组的配置，整机长度至少在 15m 以上，车间长度必须在 20m 以上，如图 2-2 所示。

图 2-2 并列式凹版印刷机

层叠式多色凹版印刷机由于色组层叠，占地面积小，体积较小；但是操作工位高，操作不方便，油墨控制等较为麻烦，市场上已较少见。本书主要介绍并列式的凹版印刷设备。

现代凹版印刷机主要包括：放卷系统、印刷系统、干燥系统和收卷系统等。

1. 放卷系统

塑料薄膜在印刷过程中，放卷基材的直径从大变小。放卷部分要在不同的机速下保持恒定的张力、稳定的速度，将印刷基材送到印刷机组上，并自动完成拼接。

放卷系统采用双臂式，当一个膜卷印刷时，另一个膜卷备用，能做到不停机连续印刷。为使膜卷保持一定张力，设有磁粉制动装置。

换卷过程：若由 A→B，当 A 卷快要印完时，通过放卷系统的双臂自动换卷机构，B 卷转到换卷部位。换卷前，B 卷开始旋转，并通过测速器计量 B 卷的线速度，当 B 卷的线速度和 A 卷的线速度一致时，复位灯亮，即可换卷。换卷时，气缸活塞推动锯齿形切刀和橡皮压辊，在瞬间切刀将基材 A 切断，在切断的同时，压辊将基材 A 压到基材 B 的表面，基材 A 通过胶带和基材 B 黏结在一起，换卷结束，如图 2-3 所示。

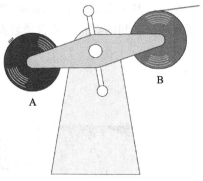

图 2-3　换卷示意图

牵引单元分为入料牵引单元、出料牵引单元，其功能是为了隔断收卷、放卷张力的波动对印刷单元的影响，从而尽量避免因张力波动对套色产生的影响。生产中可对进膜张力、出膜张力进行设定，在自动控制模式下牵引单元的动作及张力的恒定均在联机状态下自动完成。

平行调节辊用于消除塑料薄膜发生扭曲、一边松弛的不正常现象，补偿导辊的不平行误差。调节平行辊手轮，在调节过程中，调节速度要平滑缓慢，直到满足要求为止。如图 2-4 所示。

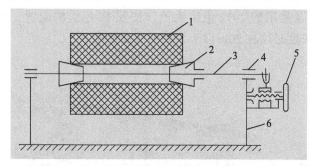

图 2-4　平行调节辊工作原理

1 - 卷膜；2 - 锥头；3 - 芯轴；4 - 轴承；5 - 手轮；6 - 放卷架支座

2. 印刷系统

印刷系统主要由供墨部刮刀、印刷版辊、压印辊等部分组成。

（1）供墨部分

供墨部的结构如图 2-5 所示。根据印刷版辊直径的大小手动调节印刷正面的调节手轮，调节墨盘底座上下移动，以印刷版辊不接触油墨盘底面、版轴不接触油墨盘边缘为调整极限，版辊在墨盘中的浸入量一般在版辊直径的 1/4~1/3 为宜。

　　根据生产量、油墨用量的多少，可以采用气动循环泵供墨的方式，以减轻在生产过程的工作量，提高产品质量的稳定性。操作者根据印刷品在油墨桶调制好油墨和溶剂后，由气动循环泵将油墨送入油墨盘，当油墨盘中油墨超过一定的容量时，多余的油墨将回流到油墨桶中，可选用一定网目的过滤网放置在墨桶回流处或扎在墨盘的进墨管上，以过滤掉油墨中的杂质和油墨墨皮。

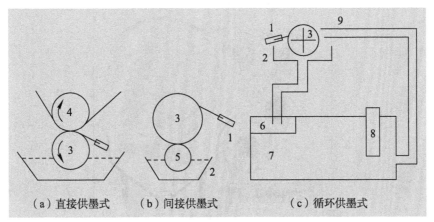

图 2-5　几种供墨方式的供墨结构

1－刮墨刀；2－墨槽；3－印版滚筒；4－压印滚筒；5－橡胶墨辊；

6－过滤装置；7－油墨箱；8－电动墨泵；9－喷墨管

　　搅墨棒一般是用铝合金制成的棒状物，表面有螺旋状的连续突起，即所谓"波纹"，两端有磁性材料，可以吸附在版辊上。印刷时搅墨棒飘浮在油墨一面，版辊转动时，受吸附作用朝反方向转动。转动时，波纹带动表层油墨运动起来，从而把油墨打均匀，避免印品产生相应的质量问题。搅墨棒如图2-6所示。

图 2-6　搅墨棒

　　（2）刮刀

　　刮刀在供墨系统中的作用是将印版表面空白部分的油墨刮除，保证凹版滚筒图像区的精确载墨量、在非图像区保留最少的油墨。这一层极薄的油墨层能在刮刀片与印版滚筒接触面之间起到润滑作用。如果墨层太厚或印刷距离太短，印刷时非图像区就会在印刷品上留下模糊的印迹；如果墨层太薄，刮墨刀片与滚筒之间的磨损会太大，影响印版辊与刮墨刀的使用寿命，不能保证效果。刮刀结构如图2-7所示。

　　（3）印刷版辊

　　凹版印刷用印版的结构由基础钢辊、镍层、铜层和铬层组成，制作工艺是在钢辊的基础上采用电镀的方式将其他被镀层镀到辊的表面。滚筒的结构剖面图如图2-8所示。其中钢辊是整个滚筒的基础和载体；镍层是结合层，能使铜层与钢辊之间牢固地结合在一起，不至于在制版印刷的过程中脱落；铜层是滚筒最重要的部分，所有的雕刻操作即制版过程都是在铜层中进行的；铬层是保护层，由于金属铜材质较软，而凹印滚筒在印刷的过程中要经受不锈钢刮刀的刮磨，因此只有足够的硬度才能保证版滚筒耐印力达到要求，所以，在完成制版之后，要在整个滚筒的表面镀一层铬。

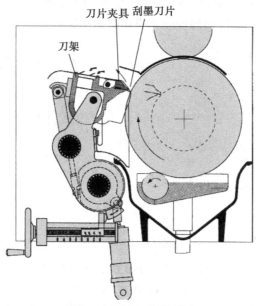

图 2-7　刮刀工作原理图

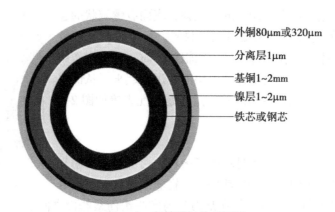

图 2-8　版滚筒结构剖面图

印刷中网点的微观变化在宏观上改变着图像的阶调层次。所以说，网点是印刷中最小的、也是最基本的印刷感知单位。凹版上是以图像或线画的墨层厚薄来表示图像层次的。凹版上印刷部分凹陷的深度越深，填墨量就很多，印刷后印品上的墨层就越厚；而印刷部分凹陷的深度浅，填墨量就少，转印到印品上的墨层就薄；墨层厚的部位，就显得图像暗，油墨层薄的部位，就显得明亮，凹版印刷就是用这种方法来反映图像的层次的。凹版印刷中凹印版上存在网墙，印版上网墙的存在主要有两个作用：一是起支撑凹版印刷过程中刮墨装置上的刮墨刀；二是为了防止在印刷过程中，凹版上网穴与网穴之间油墨的相互流动。凹印版上的网墙如图 2-9 所示。

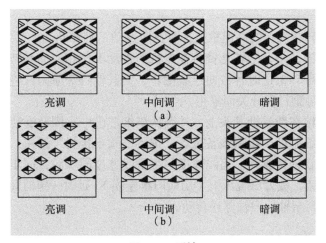

| 亮调 | 中间调 | 暗调 |

（a）

| 亮调 | 中间调 | 暗调 |

（b）

图2-9 网墙

（4）压印辊

在压印辊的作用下，产生适量的变形，使承印物与油墨有充分接触的机会，同时，由于网点内的油墨离开刮墨刀位置到压印点的距离内，表层溶剂有部分已挥发，因而对承印物的润湿黏着性有所下降，在压印时网点内的新鲜油墨可以从网点的边缘溢出，并与基材黏附，从而实现油墨转移。此对浅网的油墨转移有特别的意义，这也是在一定程度内增加印刷压力可以提高油墨转移率的原因。压印辊的结构如图2-10所示。压印辊表面压印橡胶，一般有氯丁橡胶和丁氰橡胶两种。

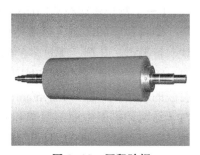

图2-10 压印胶辊

3. 干燥系统

塑料凹印油墨的干燥主要依靠溶剂的挥发，当溶剂从色料、固体连结料中彻底逸出时意味着油墨完全干燥。干燥单元由加热单元、烘箱、进风风机、供排风管道、抽风风机、供排风量调节装置及温度控制单元组成，如图2-11所示。干燥装置的作用是使印刷后的墨层在热空气的作用下能及时得到干燥，干燥箱采用蒸气加热空气的方法。

经过烘箱干燥后的薄膜通过冷却装置，使油墨干燥更为彻底，结合更为牢固，并减少薄膜的热变形量，保证套印精度的实现。同时避免薄膜上的热量带入一下套色机组的版辊，引起油墨初干性的变化。冷却装置一般由一定水温、水压的冷却水循环带走热量。

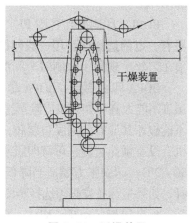

干燥装置

图2-11 干燥单元

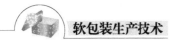

4. 收卷系统

放料架的翻转在现在的高速机上都有正向点动、翻转起动、反向点动三种方式，按下相应的操作键，整套翻转悬臂将在电机的带动下作相应的翻转动作。按下"翻转启动"键时，翻转架逆时针方向连续翻转，无其他特殊原因，整套翻转架旋臂将在设定的位置接触到行程开关而停止。

将双面胶带粘在新卷纸芯头上，并确认该纸芯已经牢固地安装在气轴上，翻转旋臂，使得新卷纸芯处于接料预备位置，按下"预备接料"按钮，旋臂自动回转到接料位置停止，新轴预驱动。当线速度与主机线速度同步时，同步指示灯亮，然后接下"接料"按钮，裁刀压辊压下（切断旧料卷膜），延时一定时间后切刀动作，同时张力自动切换到新轴，旧轴停止转动。

二、凹版印刷材料的选用

（一）常用承印材料的印刷适性

塑料薄膜的印刷，要求待印基材膜符合以下要求：①表面光滑平整，无明显僵块、黄黑点、孔洞，无过多的皱褶；②待印基材薄膜的平均厚度误差应在 10% 以内（1m 印刷宽度时）；③在印刷张力下，待印基材膜的伸长率应在 1% 以内；④待印基材膜的表面张力应 ≥40dyn/cm；⑤事先了解基材薄膜同印刷油墨之间的亲和性情况，对于易与印刷墨中溶剂溶解和溶胀的薄膜，印刷速度和油墨的浓度可大一些。涂布基材膜涂布层印刷时，应了解涂布树脂同油墨的附着力如何。

不同的印刷基材，其印刷的适应性各不相同。在印刷时，需要选择不同的工艺进行生产，才能达到较好的质量效果。

BOPP 是最常用的印刷基材，其生产工艺要点就是一个典型的塑料凹印生产工艺：选用聚酰胺或氯化聚丙烯油墨印刷，适当的张力和压印力，干燥温度控制在 80℃以下。

BOPET 印刷要点：因 PET 通常较薄，易起褶皱，印刷时需要较大的张力，对油墨有一定的选择性，用一般印刷油墨易离层，易发生堵版（不上网）、起毛以及刮刀痕（刀丝）现象，印刷时车间湿度大是有好处的。

BOPA 印刷要点：BOPA 是易吸潮变形的薄膜。因此印刷时必须保证印刷机环境湿度不能太高（如果没有除湿措施且湿度大的环境是不适合尼龙膜的）；未印刷的薄膜不能破坏其原有的铝膜包装膜，开封后要立即印刷，印刷时需对尼龙膜进行预热（若机台没有预热装置，可将印版装在第二色以后，空出第一色作为预热用）预热温度为 50~80℃；印刷张力要适当降低；压力要适中；油墨适应性强，视不同的产品结构选择，如果是蒸煮袋必须选择蒸煮油墨，印完后的产品必须密闭包装，并尽快复合。

K 涂层膜（KOP、KPA、KPET）印刷要点：因为 K 涂层膜无论是辊涂式还是喷涂式，其厚薄均匀度都不是很好，表面不平整，而且 PVDC 刚而脆，在印刷时印刷张力和压印压力不能太大，套印难度大，油墨转移性较差，印刷浅网时易起花点（部分网点丢失），需采用较高硬度的压辊进行印刷。另外，对溶剂有选择性，使用溶剂不当时可能会将涂层溶下来，印刷膜溶剂残留量较大，且易粘连，因此干燥和冷却需特别注意。

消光膜的印刷可以采用 OPP 的工艺在其光面进行里印，但因其表面的消光层不能承受高温，需要控制干燥温度。

珠光膜采用表印油墨进行表印，并且尽量选用透明性好的表印油墨。

热收缩膜印刷时采用很低的干燥温度，要选择专用的热收缩油墨（银色的墨层要能受热收缩而不掉落），如果是 PVC 热收缩膜还要考虑溶剂对薄膜的溶解性。

未拉伸的 PP、PE 薄膜印刷时张力要很小，套印难度较大，图案设计时要充分考虑其印刷的变形量。

总之，对于不同的印刷基材，必须从油墨选用、制版设计、印刷工艺上作出调整，才能确保产品的质量达到要求。另外，有些高阻隔涂层材料在有条件的情况下尽量不在涂层面上印刷，以防破坏了阻隔涂层。

（二）凹版印刷油墨的选用和配制

1. 油墨的选用

凹印油墨由连结料、颜料、混合溶剂及辅助剂组成。在此主要介绍塑料软包装用量最大、使用也最广泛的三种典型油墨。

（1）聚酰胺表印油墨

连结料是聚酰胺，主要用于 PE 膜、珠光 BOPP、热封性 BOPP 等表面印刷。但普通的聚酰胺表印油墨不耐油脂、不耐高温，所以不可用于化妆品、含油量大的食品包装及耐高温的包装。也不适宜作复合油墨，因为聚酰胺的表面张力较低，里印油墨或双组分的聚氨酯黏合剂对其不润湿。

在使用表印油墨时，一定要注意表印产品的溶剂残存量，若油墨不能完全干燥，在外界温度、湿度、压力等不利条件影响下，易产生粘连，因此，表印时尽量使油墨完全干燥，并且收卷张力不要太大。

表印油墨在醇类、苯类混合溶剂中的溶解性好，酯类溶解性也好，因此表印油墨应采用醇、苯、酯类混合溶剂。最佳溶剂配比为甲苯、二甲苯≥40%，乙酸乙酯≤10%，异丙醇≤50%。

（2）氯化聚丙烯里印油墨

氯化聚丙烯复合油墨常用于 BOPP 和消光膜的里印，但有应用面狭窄、耐热性能不佳、树脂本身的酸性不强等缺陷。

其稀释剂主要是酮类、酯类、苯类（通常为丁酮、乙酸乙酯、甲苯），一般不加入醇类的溶剂。一般复合油墨溶剂以甲苯为主，最佳溶剂配比为乙酸乙酯 40%，甲苯 30%，丁酮 30%。

（3）聚氨酯里印油墨

聚氨酯里印油墨主要用于 NY、PET 等薄膜的真空包装或蒸煮包装。对于大面积印刷，必须加固化剂。油墨和固化剂必须使用同一厂家的产品。

油墨公司为了适应塑料印刷油墨无苯化的要求，相继推出了改性的无苯无酮油墨，主要以乙酸乙酯、乙酸正丙酯、乙酸正丁酯为主要溶剂，通常加入 30% 的丁酮可以改善该油墨的印刷适性。

2. 油墨的配制

（1）油墨三原色

在塑料凹印行业中，色料三原色一般称为原蓝、原红和原黄，与胶印中的三原色：黄（Y）、品红（M）、青（C）在称谓上有所不同，但原理相同。三原色如图 2-12 所示。

（2）色墨与消色的混合

消色（白色、黑色、灰色）没有色相，其饱和度为 0，只有亮度。色墨与消色混合，使混合色变暗或变亮，同时颜色的饱和度下降。黑色成分越多，混合色越暗；白色成分越多，混合色越亮。白色多于黑色，等于加上明灰色，反之等于加上暗灰色。

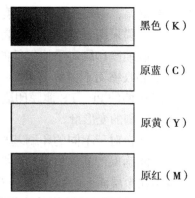

图 2-12　油墨 C、M、Y、K 示意图
（彩图效果见彩图 1）

上述混合规律可表示如下：

色墨 + 黑色 = 暗色

色墨 + 白色 = 明色

色墨 + 白色 + 黑色 = 各种不同的中间色

（3）两原色的混合（间色）

① 原红含少量原黄是大红，随着黄相的加重逐渐成金光红、橘红、深黄、中黄。

原红 + 原黄（少→多）= 大红、金光红、橘红、深黄、中黄

② 原黄含少量蓝是草绿，随着蓝相的加重逐渐成翠绿、中绿、深绿。

原黄 + 原蓝（少→多）=
草绿、翠绿、艳绿、中绿、深绿、墨绿

③ 原蓝含少量原红是中蓝，随着红相的加重逐渐成深蓝、群青、青莲蓝、紫。

原蓝 + 原红（少→多）=
中蓝、深蓝、群青、青莲蓝、紫

原红加少许原蓝是深红，加大蓝后成紫，最深的红是紫，最深的蓝也是紫。间色色环如图 2-13 所示。

间色混合颜色变化规律如下：

① 两种原色混合，如果其中一种成分变化，混合色的色相也变化，并且朝着比重大的原色变化。

② 两原色混合后其饱和度迅速下降，混合色的饱和度越低说明其含灰程度越高，颜色偏暗越明显。

图 2-13　油墨间色示意图
（彩图效果见彩图 2）

（4）三原色混合（复色）

三原色等量混合可得到近似的黑色。三原色不等量混合，根据三原色等量混合形成近似黑色这一规律可知，三种原色的等量部分在混合色中构成消色，即黑色，而其余一种或两种原色相混合出颜色的色相，即是三原色不等量混合的色相仍是一种或两种原色混合的色相，第三种原色（量最少的三原色）参加混合不改变这些颜色的色相，只是降低了这些颜色的亮度和饱和度。

其混合规律可表示如下：

原黄 + 原红 + 原蓝 = 灰黑色

原红多于原黄，黄又多于原蓝，则混合色呈棕红色。

（5）淡色的调配

淡色调配要注意三点：① 用白墨不用稀释剂；② 调色时以白墨为主，往白墨中加少量色墨；③ 色墨选色要准确。

 油墨调配小技巧

1. 缺什么色相加什么色相的油墨。例如，在橙色油墨中，目视缺少红色时，可添加少量的红色。

2. 去除某色相中偏多的色相时，应正确应用互为补色的原理。在生产实践中，有时为了使白色更白，在白墨中加微量的群青（1%）左右，用来消除白色中的黄色就可达到目的；而只要在黑墨中加入少量的钛青蓝，就可消除黑墨中的黄色调。

3. 制淡色油墨时，要在白墨中加入色墨，而不要把白墨加入色墨中，白墨的遮盖力特强，加入过多会很快冲淡颜色；而在配制深色油墨时，则一定要把黑墨添加入色墨中，切不可把色墨添加入黑墨中，因为黑墨的着色力特强，稍不慎而加入过多，就需要加入相当多的色墨来调整颜色。

4. 观察色样时，最好在标准光源下进行，且要采用相同的底板。

三、凹版印刷的实施

（一）印版的安装与研磨

1. 印刷色序的安排

（1）色序的选择依据

① 从油墨的黏度考虑：一般先印黏度大的油墨，即第一色 > 第二色……

② 从印刷品的光泽度考虑：可将满版的淡色最后印刷，四色印刷中，一般黄版较满，可以作为最后印刷。

③ 按油墨干燥速度：将油墨干燥较快的安排先印，这样有利于叠印。

④ 按油墨透明度确定色序：一般先印透明度低的，后印透明度高的。

⑤ 据墨色深浅确定色序：一般先印深色，再印浅色。

⑥油墨遮盖力最强的先印。

（2）一般常用色序

①里印。颜色由深到浅：黑—蓝—红—黄—白。

②表印。颜色由浅到深：白—黄—红—蓝—黑。

2. 印版的安装

①分清版辊的序号，按照色相来装版。

②打开版轴上的离合器，把版同轴一起抬下，放在卸版架上，装卸版辊。

③把版辊放在版架上，穿上轴螺丝同时夹紧版辊，且使版槽与版的左右相差距离相等。

④把装好的版逐一选择同一标志，固定同一水平位置，扳动版辊的离合器手柄，使之处于闭合状态。

 印版安装小技巧

1. 检查网线、版面，确保无碰伤、无划伤、无掉铬现象。注意装版方向及位置，保证纵向对版基本正确。

2. 装版需特别注意检查闷盖内及堵头处的清洁，防止异物引起的装配错误。应小心操作，避免版面碰伤。

3. 低速运转，检查版辊有无偏心，是装配误差引起的转动不平衡现象。

3. 磨版

①印刷为新版辊时，需要把印刷机调升到40~60m/min，先用1500目的细砂纸均匀地打磨一遍，清洁版辊上的毛刺或疵点，再用抹布蘸取溶剂在版辊上全面来回擦一遍，清洗干净版辊上的杂质。

②印刷为已经使用过的旧版辊时，需要把印刷机调升为30~50m/min，先撒上"去污粉"或"淀粉"蘸取溶剂，在版辊上均匀地来回擦几次，目的是使版辊网眼中残存干燥的油墨溶解清除干净，再用干净的抹布蘸取溶剂将印版擦净。

注意：抹布边缘要包在抹布中，以免旋转的滚筒把抹布缠住造成危险。

（二）刮刀安装与调节

1. 刮刀的安装

①刀口与版辊轴必须平行，且要吻合。

②将刮墨刀片放在衬刀（即支撑刀片）后面，装入刀槽内旋紧刀背螺丝。应先从刀片的中间旋紧，再逐渐往外，并且两边要轮流旋紧，旋紧螺丝时，应经两遍或三遍完成，不能一步到位。应一边旋螺丝，一边拿着一块碎布夹紧刀片与衬片并用力向一侧拉，这样装成的刀就比较平整。

③支撑刀片一般伸出刀架11~24mm。

④刮墨刀片一般伸出支撑刀片5~10mm。

2. 打磨刮刀

①新装刮刀如果是带刀刃片可安装后直接使用，如是普通刮刀装上后要用

800~1000 目的砂纸进行打磨。

② 打磨刮刀时要用拇指和食指捏住折叠的砂纸，把刮刀的上刃和下刃包住，拇指成 30°~45° 角对准下刀刃进行打磨。

③ 打磨刮墨刀主要对下刃和刃口进行打磨，打磨好后的刮刀和用指甲在刮刀刃上稍微用力来回试一下，看刀刃是否有缺口。

3. 调整刮墨刀

① 用手摇动刮墨刀下的手轮，使刮墨刀口距版辊约 1~2cm 时，停止摇动，用左手按下气压开关，此时刮刀与版辊接触进行刮墨，根据刮墨情况和版辊的直径调节刮墨刀的位置。

② 刮墨刀前后位置的调整，先用双手对刮墨刀的支撑螺杆进行匀速调整，使左右伸出长度相等，使刮刀在距版辊合适的位置上。

③ 刮墨刀上下位置的调整，用双手旋转刀架下的支撑螺母，调节刮墨刀上下移动，从而改变刮墨刀的角度至适当位置。

4. 刮刀的调整

（1）刮刀轴向平行度

当刮刀固定好后，便可对刮刀进行轴向平行度的调节。首先启动印刷机慢速空转，并同时启动供墨系统，然后调节刮刀的初步角度（45°~60°），使刮刀轻轻地压在印版上，观察印版两侧的油墨是否刮得均匀。如果不均匀，必须调节刀体两侧的进退，尽可能使印版两边的油墨刮得均匀、对称，最后锁定。

（2）刮刀角度

根据经验，刮刀的接触角 α 以 55° 最为理想。刮刀安装时，刀片在负载时应弯曲 5° 左右，即 $\mu=5°$；如果安装角 β 设定在 60°，则刮刀的接触角正好是 55°。如果版辊的圆整度不是很好，接触角可由 55° 减为 48°。

（3）刮刀的压力

刮刀压力调整的关键是在版辊的无图像区保留最少的油墨，使这一极薄的油墨层既不能在印品上留下一层模糊的印迹，又能在刮刀与版辊的接触面之间起到润滑的作用。对刮刀施加压力过大，则刮刀和版辊之间的磨损就会加快，同时刮刀的弯曲程度变大，实际刮刀角度变小；反之则不能将空白处多余的油墨刮去，出现版污现象。一般油墨刮刀压力应该是在 200~250g/cm，即每米长的油墨刮刀表面承受的负载在 20~25kg。

当印刷机工作一段时间后，可能出现细刀丝等刮不干净的现象。此时不能单纯增加刮刀压力来调节，应辅以刮刀角度的调节。因为印刷一段时间后，刮刀与印版的接触面积会由于刮刀磨损的缘故增大，在同样的压力下，其刮墨点处的压强减小了，刮墨效果变差。此时单纯增大压力，可能由于刮刀自身弯曲角度的增加而抵消了压力增大的影响，因而要综合考虑压力变化从而带来刮刀角度实际变化的因素。

（4）刮刀的串动量

横向位移装置能使刮墨刀在印版滚筒表面横向往复移动，这样就能减少对局部

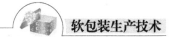

固定位置（图文部分边缘轮廓）的磨损，并能避免油墨在刮墨刀底部的聚集。刮墨刀的位移量一般为10mm。

（5）刮刀的研磨

与版面接触部分刮刀的刃口应研磨成25°的斜口弧度，这样刮墨时刮刀与版面成圆弧形接触，既不刮伤版面又能将版面余墨刮净。如果刃口过于尖锐、锋利，则刮墨时很容易刮伤版面，反过来刮伤的版面又使刃口形成小缺口，在印刷时出现刀线。

（三）橡皮滚筒的安装

① 选择适宜长度、直径、硬度的胶辊，并仔细检查胶辊是否存在凹陷不平（导致漏印）、变形（导致压纹）等质量问题，并清洁其上的残墨等异物。对生产中发现的不合格胶辊应及时更换。

② 用手轻轻拨动胶辊，检查胶辊两端的轴承是否转动灵活。并试压胶辊，检查左右两端压力是否一致，左右两端是否同时压到版面上，是否存在因汽缸等因素导致压力不一致的问题。

（四）装膜

① 首先检验材料的规格（厚度、宽度）、材质是不是与领料单相符。对每卷薄膜的电晕处理面进行检测，不达指标的膜卷不能投入生产。

② 量取印刷膜的宽度，使放卷悬臂内标尺的刻度与印刷膜的宽度值相符，使卷材居中，如不合适，可摇动右手侧的手轮来调节右侧卡具的伸长度。

③ 把已经检查合格的印刷膜穿在气胀轴上，然后装在印刷机上，使放卷轴的卷材与印刷的版辊在一条中轴线上。

④ 把右侧的卡具尺转到中心位置，调整印刷膜，然后用气枪对气胀轴充气。

⑤ 将印刷膜卷按规定要求粘好胶带，以备不停机接膜。

（五）干燥风量、温度的设定

抽风量应在略大于进风量的基础上保持平衡（避免热风漏吹到版面上引起印刷故障），在不影响套色稳定性的情况下，尽量加大进风量，使新鲜的空气吸入经过过滤网充分循环。干燥温度应根据印刷面积、车速、环境的温湿度、材料的耐热性和机械性能来确定，如表2-1所示。印刷线速越快、墨层面积越大越厚、使用挥发性小的溶剂的场合时，干燥温度要升高，以达到干燥目的。而印刷材料不同时，要注意干燥温度的不良影响而作调节，根据现有的印刷条件和工艺，常用印刷材料BOPP类的干燥温度以50~75℃（实际）为宜；BOPA、BOPET的干燥温度以50~80℃（实际）为宜；未拉伸的PP、PE、NY、PVC类的干燥温度以40~65℃（实际）为宜。干燥油墨层还需给予足够的吹风和排风，这样的干燥效果会更好。

对于高速机，薄膜经干燥箱后在进入下一印刷单元前，应经循环水冷却。因为薄膜在较高的温度下容易拉伸，使套印发生困难；薄膜上的热量会传递给下一印刷单元的版面，使版面升温，溶剂挥发加快，网点内的油墨初干性加快，转移性变差，严重时造成网点堵塞。

表 2-1　印刷面积、车速和干燥温度的关系

印刷速度 / （m/min）	图文面积 0~20%	30%~70%	80%~100%
80	40℃±10℃	50℃±10℃	60℃±10℃
120	40℃±10℃	60℃±10℃	70℃±10℃
160	45℃±10℃	60℃±10℃	75℃±10℃
200	45℃±10℃	60℃±10℃	80℃±10℃

（六）压印辊压力调节

在压力作用下，胶辊把印刷材料压下，紧贴于印版表面上，使印版表面网孔内的油墨因接触而转移到印刷材料上来。当上墨压力太小时，胶辊表面不平整处及粗糙的印面、浅网处就容易发生油墨转移不良，严重时甚至出现块状脱墨现象。当上墨压力太大时，机械磨损增大，容易发生"咬色"现象；在胶辊硬度较小时，印刷图案边缘处还容易出现溢墨现象。在薄膜印刷，胶辊邵氏硬度为 70~75 时，一般使用印刷压力为 0.2~0.4MPa。

（七）张力控制

1. 张力控制基础

印刷材料的张力控制是套印准确的基础。包括放卷张力区、进料牵引张力区、印刷部张力区、出料牵引张力区和收卷张力区，如图 2-14 所示。

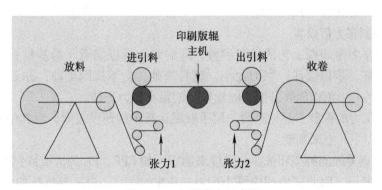

图 2-14　印刷张力示意图

（1）放卷张力

放卷张力采用恒张力控制，利用磁粉作为摩擦介质电流产生制动力，如图 2-15 所示。

（2）中间段张力

使印刷材料工作中从无张力状态达到设定张力所需时间是把压辊间距离、速度降低值作为时间常数一次延迟响应，这种形式通常称为拉伸控制。凹印机基本形式给料牵引与版辊之间，版辊之间、版辊与收料牵引之间都是依据这个原理而产生张力。

另外还有摆辊式控制张力方法，原理是张力随重量变更和配重位置变更而变化，

通常用这个方法使给料与牵引辊之间产生短时间同期张力变动，使微小张力变化稳定下来。如图 2-16 所示。

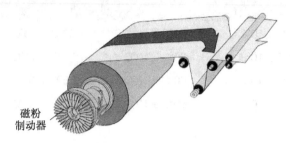

磁粉
制动器

图 2-15　放卷张力段

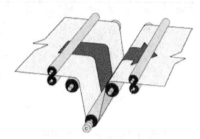

图 2-16　中间张力段

（3）收卷张力

收卷是把被印刷材料作为最终制品，送到复合、分切、制袋等下道工序。如图 2-17 所示，由收卷张力电机加力（能量）进行收卷。在收卷系统中，采用锥度张力控制，即随着卷径的增大，使卷料张力逐步减小的控制，锥度控制可使收卷膜的内层收得较紧，而外层的膜收得较松，从而使卷料膜的层与层之间不打滑，防止材料卷绕时卷得过紧及卷料卷绕歪斜。一般使用 10%~50% 锥度。

收卷
电机

图 2-17　收卷张力段

2. 印刷张力值设置

印刷张力是印刷工艺的重要参数，印刷张力是根据承印的基材材料来设定的。材料易延伸，难以套印；张力太小，材料松弛，会不规则走动，亦无法套色准确。通常设定的张力值以能够套准、收卷整齐的最小张力为佳。

目前张力的控制主要凭经验（用手触碰运行中的薄膜表面，看其张紧程度），一般可根据以下几点来判断。

① 根据薄膜的种类和抗拉伸强度来确定，如 CPP、PE 的抗拉伸强度较弱，薄膜容易拉伸变形，因此张力相应要小一点；BOPP 、PA、PET 等抗拉伸强度较强的薄膜，张力可相应大一点。

② 薄膜种类一定时，较宽、较厚的薄膜张力大于较窄、较薄的张力。

③ 如果薄膜会产生两边松紧不一致、平整度不好、直线度不好等情况，可适当加大点张力以减轻对套色精度的影响。

④ 收卷张力越大，薄膜收卷越整齐，但张力太大，易造成产品反粘。因此收卷张力不宜过大，一般以产品不反粘、收卷整齐不滑动为准。

⑤ 放卷张力比进料张力低 30N；进料张力比出料张力小 10~15N；收卷张力为出料张力的 30%~40%。

常见的印刷基材张力设定值如表 2-2 所示，以进料张力为基准。

表 2-2　常见印刷基材张力设定值　　　　　　　　　　单位：N

材料名称	放卷部分	进料辊部分	压印辊部分	收卷部分
玻璃纸	100~150	130~180	130~200	60~100
拉伸聚丙烯	80~130	100~150	100~180	60~100
未拉伸聚丙烯	50~100	70~120	100~150	40~80
尼龙、聚酯	20~60	50~80	50~100	20~50
纸张	150~200	200~250	200~250	150~250

（八）套印控制

1. 套印原理

多色凹版轮转印刷中，首先印刷第一种颜色，通过干燥器后使之充分干燥，然后印刷第二种颜色，由于过程中需要通过很多根导辊及干燥器，所以承印物就会伸长或收缩，导辊、压辊所产生的滑动和各印刷版辊间张力的变化等，总之，这些因素会引起承印物产生微妙变化，且偏差量也不固定，所以必须要不断地监视套色偏差，即时加以修正。

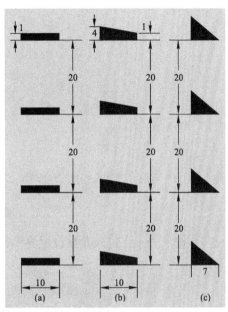

图 2-18　套印光标（单位：mm）

当承印材料上的套印标记通过光电眼，产生信号，套印标记如图 2-18 所示，每个电眼均是以前一色为基准，确定当前色标与之的距离是否为 20mm，距离正确时，则表示图案套印准确；图案套印不准表现在色标间距上，就是间距变大或变小，此时信号传递给电子控制器，对补偿辊位置进行相对应的调整，来增加或缩短料带长度而实现套准，如图 2-19 所示。

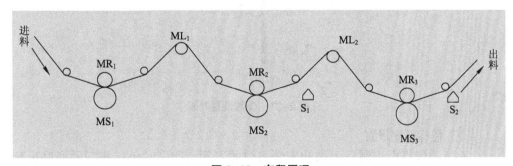

图 2-19　套印原理

MS₁、MS₂、MS₃ -印版辊；ML₁、ML₂ -套色误差修正辊；
MR₁、MR₂、MR₃ -压印胶辊；S₁、S₂ -色标检测扫描头

2. 套印操作

现用一个实例来说明在实际印刷中的具体操作，N 代表印刷机机组数。以一台 12 色的印刷机，印 8 个颜色，其中，版辊分别安装在 1、2、3、4、6、7、8、9 机组，5、10、11、12 机组都未安装版辊，不参加本次印刷。

印刷的颜色分别为：

1 机组印色黑；2 机组印色蓝；3 机组印色红；4 机组印色绿；6 机组印色浅蓝；7 机组印色橘黄；8 机组印色紫；9 机组印色黄。

正常开机后显示如图 2-20 所示。

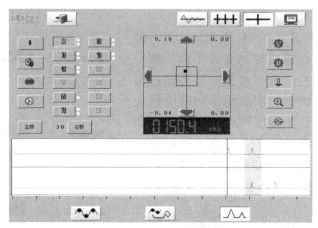

图 2-20 开机界面

按下 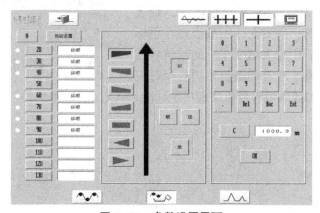，进入参数设置界面，如图 2-21 所示。

图 2-21 参数设置界面

（1）色标顺序设置

不同的版辊由于制作习惯和安装习惯的不同，印刷时色标排列的顺序也就不同，可在每色印刷出料处判断顺/逆序，如果印刷的第一色（本例中的黑色）排在最上面，则选择纵顺，如果排在最下面选择纵逆。本例中选择色标排列顺序为"纵向顺序"。

图 2-22 中，如果在第九色电眼处观察时看到的色标排列如图 2-22（a）色标排列情况，黑色在最上面，则选择"顺"，表示顺序排列。如图 2-22（b）色标排列情况，则选择"逆"，表示逆序排列。

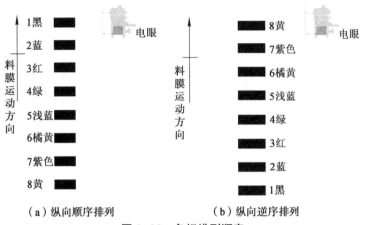

（a）纵向顺序排列　　　　　（b）纵向逆序排列

图 2-22　色标排列顺序

（2）寻址和自动跟踪

单击子菜单"　∧∧　"按钮，进入波形显示子菜单，界面如图 2-23 所示。

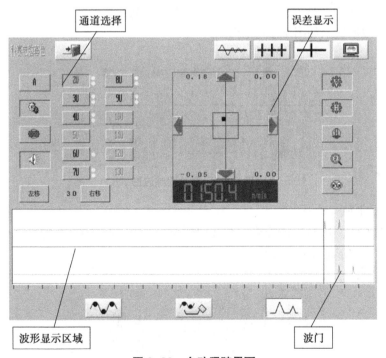

图 2-23　自动跟踪界面

① 调节光电眼（图 2-24）。

要求如下：a. 反光板距离料膜小于 1mm。b. 电眼距离料膜 8~10mm。c. 光斑中

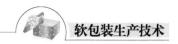

心线对准色标中心。

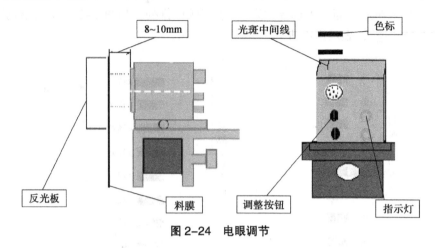

图 2-24　电眼调节

提示：调整旋钮对信号的强弱并无影响，指示灯不亮也不会对电眼检测信号有影响。

② 手动寻址。需手动移波形时，必须认准应将哪个色标波形移到波门中间，规律如下：

a. 纵逆排列。

波门在左边，应从左向右数，将 T2 的第一个色标波形或 T1 的第二个波形移到波门中间，波形显示如图 2-25 所示。

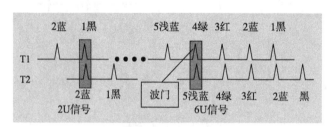

图 2-25　自动跟踪波形

b. 纵顺排列。

波门在右边。应从右向左数，将 T1 的第一个色标波形或 T2 的第二个色标波形移到波门中，波形显示如图 2-26 所示。

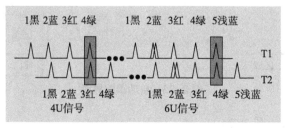

图 2-26　自动跟踪波形

手动寻址小技巧

色标为纵排递序的时候，选择最左边一组信号；色标纵排递序的时候，选择最右边的一组信号。

手动选址后，电脑将进入自动跟踪状态。

四、凹版印刷质量问题及解决方法

（一）套印不准

在多色套印过程中，每一色不能完全重叠，有一定的偏差。如图 2-27 所示。

1. 原因分析

① 设备的套印系统数值设定不准确。

② 印刷基材存在暴筋或荷叶边现象。

③ 印刷周长加工不精确，马克线设计得不规范。

2. 解决方法

① 设备重新设定准确的参数，将光电眼对准马克线。

图 2-27 套印不准

② 更换使用合格无缺陷的印刷基材。

③ 印版周长的径差应由第一色至最后一色逐渐增大，因为基材在加工过程中受料卷、牵引张力以及烘干温度的影响会出现细微的拉伸现象，因此印版径差必须在制版时考虑在内，另外用于套印的马克线必须非常标准、规范，这样才能更好地套印。

（二）刀线现象

刀线现象是指版面上没有图文的部分油墨未被刮干净，转移到承印物上，在不允许有油墨的地方出现线条状脏污，如图 2-28 所示。

1. 原因分析

① 刮墨刀片上有缺口。

② 油墨中有杂质、运转过程被带到刮墨刀片上形成刀线。

③ 印版的表面处理不好。

图 2-28 刀线（彩图效果见彩图 3）

2. 解决方法

① 重新用 500 目水磨砂纸研磨刀片，直到缺口完全消除，或者更换新刀片。

② 杂质的存在有两方面原因。

a. 油墨本身含有未溶解的固体物质而形成杂质。

b. 在对印版进行抛光处理时，使用800目水磨砂纸，砂纸上的砂粒落到油墨中形成杂质，因此，建议对印刷抛光处理时先不要往墨槽中倒油墨，待抛光结束后再倒，油墨在上机前用120目尼龙网进行过滤，滤除杂质，这样就可以有效减少刀线的产生。

③ 制版厂在对印刷进行镀铬抛光处理时，表面的光洁度未达到要求，会在印刷过程中对刮墨过程形成阻力，从而产生刀线、浮脏现象。因此，印版出厂前必须认真抛光，使光洁度达到满足客户的生产目的。

（三）浮脏现象

在承印物的整个非图文部分均匀印上暗淡的颜色称为浮脏。

1. 原因分析

① 油墨的印刷适性差。

② 刮墨刀的压力过小。

③ 印版的表面处理达不到要求。

2. 解决方法

① 选用优质的油墨，虽然价格昂贵，但是印刷适性高，会有效降低废品率。

② 通过调整气刮刀的气缸压力来达到去除浮脏的目的，如原来刮刀压力设为0.1~0.15MPa，可以调整到0.2MPa，然后再观察印刷情况，作细微的调整。

③ 印版的表面处理方法同解决刀线的现象的方法一致。

（四）色差现象

色差指的是印刷品与客户确认的打样稿、彩稿、样品的色相不一致或存在差距的现象。如图2-29所示。

1. 原因分析

① 刮刀的角度不对。

② 油墨的色相不对。

③ 印版未清理、擦拭干净。

2. 解决方法

① 调整刮刀的角度，颜色太深，刮刀角度加大；颜色太浅，刮刀角度变小，将刮刀架往前推使上墨量加大，提高着色的饱和度。

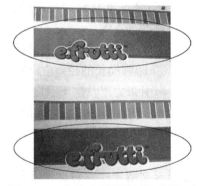

图2-29　色差（彩图效果见彩图4）

② 更换色相相同的油墨或者重新调配油墨颜色，油墨颜色浓的也可以适当加一些稀释剂来降低色浓度，以达到色相一致的目的。

③ 油墨堵在印版网穴中变干变硬，影响了油墨的转移，轻微堵版可用喷粉清理网穴中堵塞的油墨；严重者要用洗版液进行清洗，并用铜刷蘸溶剂进行清洗方可。

（五）溶剂残留超标

1. 原因分析

① 油墨低劣，混有杂质。

② 溶剂低劣，纯度不够。

③ 印刷机温度设定不当，形成假干现象。

④ 印刷机烘干能力不够，溶剂挥发不彻底。

2. 解决方法

① 劣质油墨使用的连结料质量太差，不能有效释放溶剂，相反会使甲苯等溶剂吸附在油墨里面，加之干燥温度不够，难以挥发彻底。因此，建议一定要选用纯度高、黏度低、流动性好的优质油墨。

② 对采购的溶剂做气相色谱检测，检验其纯度是否合格，常用化工溶剂纯度标准如下：甲苯 ≥99.5%；二甲苯 ≥95%；异丙醇 ≥99.7%；乙酯 ≥99.5%；丁酮 ≥99.5%。溶剂残留标准：甲苯 ≤3mg/m²；综合溶剂 ≤100mg/m²。

③ 印刷机的烘干温度设定，表印产品一般由高到低，面积小的图案设定 30~35℃，面积大的图案设定 40~45℃，表印产品一般大面积印刷在前几个单元。里印产品一般由低到高，低点一般设 45~55℃，对于大面积印刷图案，可设在 60~65℃，根据印刷顺序和面积大小依次设定温度，大面积高温，小面积低温，可以保证溶剂充分挥发，减少异味和溶剂残留超标现象。

（六）漏印

漏印是指因压印胶辊不平及压印胶辊压力等问题造成印刷图案或文字不完整，如图 2-30 所示。

1. 原因分析

① 压印胶辊表面有凹孔，易形成漏印。

② 压印胶辊压力过小，易形成漏印。

2. 解决方法

① 将有凹孔的胶辊表面进行打磨处理，情况严重时须考虑重新挂胶。

② 加大胶辊的印刷压力，提高凹印油墨的转移率。

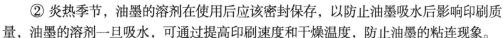

图 2-30 漏印（彩图效果见彩图 5）

（七）粘连现象

粘连是指印刷收卷后，印刷面上的油墨与另一个接触面（通常是薄膜的背面）相粘边或油墨附着到另一个接触面，如图 2-31 所示。

1. 原因分析

① 设备烘干能力不够，收卷时张力过大，易粘边。

② 天气炎热，湿度大，油墨、溶剂中水分超标，易发生粘连。

2. 解决方法

① 改善和提高油墨的干燥条件，收卷时改善收卷张力的大小，以膜卷不出现暴筋现象为最低限度。

图 2-31 粘连现象

② 炎热季节，油墨的溶剂在使用后应该密封保存，以防止油墨吸水后影响印刷质量，油墨的溶剂一旦吸水，可通过提高印刷速度和干燥温度，防止油墨的粘连现象。

（八）堵版现象

发生堵版以后，会引起印刷图案和文字的模糊不清、印刷颜色的变化，严重时甚至无法继续进行印刷。如图2-32所示。

图2-32　堵版（彩图效果见彩图6）

1. 原因分析

① 混合溶剂的配比不合适。

② 工作车间的温度太高。

③ 设备的进风量太大，将印版吹干，影响了油墨的转印。

2. 解决方法

① 重新调整溶剂配比，加入慢干溶剂。

② 降低车间的温度。

③ 控制进风量，减少版面干燥现象。

（九）毛刺现象

毛刺现象主要表现在文字、图案的边缘，干燥的空气与基材膜摩擦后产生静电，排斥转印在基材的油墨，从而使油墨飞溅，导致产生毛刺，如图2-33所示。

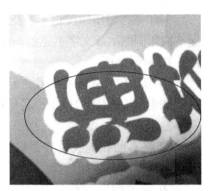

图2-33　毛刺（彩图效果见彩图7）

1. 原因分析

① 工作环境湿度太小，空气过于干燥。

② 油墨中没有加入防静电剂。

③ 印刷机没有安装接地线和静电毛刷。

2. 解决方法

① 在印刷机周围洒水，增加湿度，使湿度达到30%以上。

② 选择使用优质油墨或在油墨中掺加抗静电剂。

③ 印刷机安装接地线和静电毛刷，可以有效减少毛刺现象的发生。

（十）附着力差

在印刷聚烯烃薄膜时，印迹干燥后，墨膜摩擦、揉搓和用透明胶带粘拉即脱落或部分脱落。如图2-34所示。

图2-34　油墨完全转移到复合膜上

1. 原因分析

① 错用印刷薄膜的油墨。

② 聚烯烃表面张力没有达到要求。

③ 墨膜未干彻底或加热不够。

2. 解决方法

① 在使用油墨时，坚持油墨专用、异类不掺的原则。

② 可自配达因水，检查薄膜的表面处理度。

③ 印刷对象，尤其是吸湿性大的材料保管环境不应潮

湿；印刷时，要根据当时的温、湿度来调配稀释剂。

思考题

1. 凹版印刷的印前准备工作有哪些？
2. 刮刀安装与调节的要求是怎样的？
3. 套印不准的原因分析和解决方法？

操作训练

1. 在 15min 内，安装好一个刮墨刀，要求操作方法正确，支撑刀片伸出刀架 15mm，刮墨刀片伸出支撑刀片 10mm。

2. 两人配合，在 30min 内完成装膜和穿膜工作，要求装膜居中，印刷面正确，穿膜路线合理。

3. 在中央控制台上练习操作科赛 ST3000 型自动套色控制系统。

4. 选择 5~10 张有不同质量问题的印品，分析各自的产生原因，提出解决方法。

任务二　柔性版印刷

知识目标

1. 了解柔性版印刷机的分类和主要结构。
2. 了解常用柔性版印刷材料的性能。
3. 了解柔性版印刷机各装置的调节方法。
4. 了解常见故障的产生原因和解决方法。

能力目标

1. 掌握网纹传墨辊的选择方法。
2. 掌握多色印版装版的正确方法。
3. 掌握柔性版印刷机的工艺控制要素。
4. 掌握柔性版印刷质量故障的解决方法。

一、认识柔性版印刷

（一）柔性版印刷的定义和特点

我国印刷技术标准 GB/T 9851.1—2008《印刷技术术语 第 1 部分：基本术语》

中对柔性版印刷是这样解释的：柔性版印刷是用弹性凸印版将油墨转移到承印物上的印刷方式，其原理图如图 2-35 所示。油墨由墨斗胶辊和网纹传墨辊传到印版的图文部分并使其着墨，然后由压印滚筒施以印刷压力，将印版上的油墨转移到承印物上，最后经干燥而完成印刷过程。

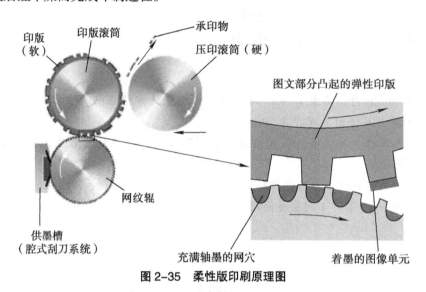

图 2-35 柔性版印刷原理图

柔性版印刷中使用了柔软可弯曲富有弹性的印版，印刷压力仅为 $1\sim3kgf/cm^2$，对各类承印材料有很广泛的适应性。在印刷机中采用网纹辊定量供墨短墨路传墨系统，同时可与上光、覆膜、烫印、压痕、模切等印后加工设备相连，形成印后加工连续化。由于承印材料种类繁多，因此对应的柔性版印刷用油墨的种类也有多种类型。溶剂型油墨是最早用于柔性版印刷的油墨，其使用效果好，对大多数承印材料表面润湿性好，但存在环境污染问题。而水性油墨诞生于 20 世纪 30 年代，最初只用于印刷纸和纸板。在国外，柔性版印刷多采用水性油墨，其产品不仅仅局限于纸箱、信封，在食品包装、烟酒包装、医药包装和儿童玩具包装等领域均被广泛使用。在美国市场上，水性柔性油墨的销量是溶剂型油墨的两倍以上，由于它对环境无污染，对人体无危害，是唯一经过美国食品药品协会（FDA）认可的油墨，符合环保、绿色的印刷理念，因此柔性版印刷也被称为"绿色印刷"。

（二）柔性版印刷机的分类

根据印刷机组的排列形式，可分为机组式、卫星式和层叠式柔性版印刷机。

层叠式柔性版印刷机的各印刷色组上下层叠，排列在印刷部件主墙板的一侧或两侧，每一个印刷色组通过装在主墙板上的齿轮传动。印刷时，承印物依次通过各印刷色组，完成全部印刷。每一个印刷色组都有压印滚筒、印版滚筒和输墨装置，而且各印刷色组结构相同。层叠式柔性版印刷机可印刷 1~8 色，但多为 6 色，若配置有翻转装置，还可以进行正、反面印刷。其基本结构如图 2-36 所示。

机组式柔性版印刷机的各印刷色组互相独立且呈水平直线排列，机组之间可用一根共用的传动轴来驱动印刷单元，也可由各机组的独立传动系统驱动印刷单元。

印刷时，承印物沿水平方向前进，依次完成各色印刷，基本结构如图 2-37 所示。这种机型可进行单色、多色、单双面多色印刷。

 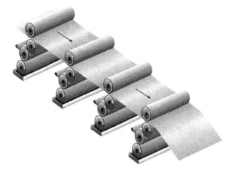

图 2-36 层叠式柔性版印刷机原理示意图　　图 2-37 机组式柔性版印刷机原理示意图

卫星式柔性版印刷机所有的印刷单元共用一个压印滚筒，即只有一个大的中央压印滚筒，各个印版滚筒围绕着这个大直径的压印滚筒转动。在承印物进入印版滚筒和压印滚筒之间，紧贴着压印滚筒的表面转动一圈后，依次完成多色印刷。其基本结构如图 2-38 所示。

无论是哪种类型的柔性版印刷机都是由放料装置、印刷装置、输墨装置、干燥装置及收卷装置等组成。

（三）柔性版印刷机结构

1. 放料装置

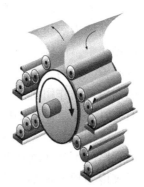

图 2-38 卫星式柔性版印刷机原理示意图

放料装置主要是由安装料卷机构、卷料纠偏装置和张力控制系统等组成。放料装置的作用是将成卷的承印材料展开，并连续不断、稳定地按需要定量输入印刷装置，同时，在承印物进入印刷和加工区域之前控制其速度、张力和横向位置。

2. 印刷机组

卷筒型柔性版印刷机的印刷机组主要由输墨装置、印版滚筒及压印滚筒组成。

（1）输墨装置

输墨装置一般由墨槽、输墨辊或刮墨刀、网纹传墨辊、调节机构及传动系统等组成。其主要类型有双辊传墨、刮墨刀传墨、混合传墨和封闭式双刮墨刀传墨四种。

① 双辊传墨装置由墨槽、一根输墨辊和一根网纹传墨辊组成，如图 2-39 所示。

这种输墨装置结构简单，匀墨性能比较好，对输墨辊、网纹传墨辊的磨损较小，但墨辊表面的墨层厚度随印刷速度变化而变化，影响印刷质量。

② 刮墨刀传墨装置由墨槽、网纹传墨辊和刮墨刀组成，如图 2-40 所示。印刷过程中，网纹传墨辊将墨槽中的油墨带出，用刮墨刀将网纹传墨辊表面多余的油墨刮去，而网穴中油墨传递到印版表面。刮墨刀与网纹辊之间的网穴空隙决定传递油墨的厚度。

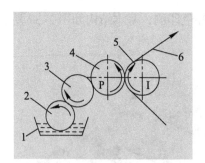

图 2-39　双辊式传墨装置示意图

1－墨槽；2－输墨辊；3－网纹传墨辊；

4－印版滚筒；5－压印滚筒；6－承印物

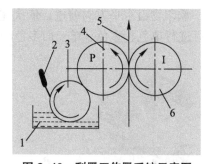

图 2-40　刮墨刀传墨系统示意图

1－墨槽；2－刮墨刀；3－网纹传墨辊；

4－印版滚筒；5－承印物；6－压印滚筒

③图 2-41 所示为混合传墨装置示意图。它主要由墨槽、输墨辊、网纹传墨辊和刮墨刀等组成。工作时，输墨辊浸在墨斗中，由输墨辊将油墨传递给网纹传墨辊，在网纹辊上安装有刮墨刀，利用刮墨刀的作用将网纹传墨辊表面多余的油墨刮去。而网穴中的油墨传给印版。

这种混合传墨结构具有结构合理，墨层厚度不受印刷速度影响，刮墨刀对网纹传墨辊磨损小，传墨均匀，工作可靠等优点。

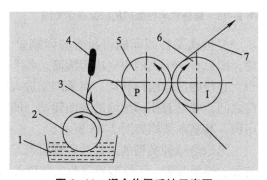

图 2-41　混合传墨系统示意图

1－墨槽；2－输墨辊；3－网纹传墨辊；4－刮墨刀；

5－印版滚筒；6－压印滚筒；7－承印物

④封闭式双刮墨刀装置有两把刮墨刀，一把为正向安装，另一把为反向安装，墨斗采用全封闭形式，如图 2-42 所示。在封闭式双刮墨刀传墨结构中，反向刮墨刀起刮墨作用，正向刮墨刀起密封作用。工作时，油墨处于流动状态，可以自行循环。

这种输墨装置，网纹传墨辊传墨量恒定，清洗墨辊方便，即使高速运行也没有飞墨现象，同时能维持油墨黏度的稳定和改善印刷品质。故现代高速柔性版印刷机已普遍使用该传墨装置。

（2）网纹传墨辊

网纹传墨辊表面有无数大小、形状、深浅都相同

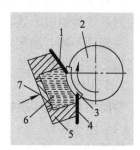

图 2-42　封闭式双刮墨刀装置

1－反向刮墨刀；2－网纹传墨辊；

3－侧面密封；4－正向刮墨刀；

5－墨室；6－油墨；7－施压装置

的凹孔，这些凹孔称为网穴或着墨孔，一般用眼不易观察，必须用放大镜才能观察到。网纹传墨辊下凹的网穴能储存油墨，在印刷过程中，当网纹传墨辊转向墨斗与其接触时，墨斗中低黏度的油墨被充填到网纹传墨辊的凹孔内。由于低黏度的柔性版油墨流动性较好，当网纹传墨辊与印版滚筒接触时，能定量均匀地向印版上图文部分传递所需的油墨，在高速印刷时还可防止油墨的飞溅。网纹辊网穴的容积可以

精确控制供墨量，为长期连续印刷提供了保障，也减少了整批印品的色差。

（3）印版滚筒

印版滚筒是以合金钢为基材的圆筒体，经加工而制成，并且经过动平衡处理，不易变形。其表面有标准刻度，供粘贴印版用。它由滚筒体、滚枕、轴颈和轴头组成，分为固定式、活动式和套筒式三种。由于固定式印版滚筒更换时不方便，每次更换滚筒需要时间长，故已很少在先进的柔性版印刷机上应用。图 2-43 为活动式印版滚筒结构。

图 2-43 中，支撑套 3 与滚筒体 4 固接在一起，支撑套外端有内螺纹，内端为锥孔；紧固端盖 2 有外螺纹，端部有紧固板扳手孔；锥形套 6 外圆有锥度，圆周上有开口；挡圈 5 和紧固端盖连在一起。安装时，紧固端盖旋入支撑套，推动锥形套将滚筒轴与支撑轴楔紧，滚筒体与滚筒轴连在一起；拆卸时，紧固端盖旋出支撑套，通过挡圈将锥形套拉出，滚筒体与滚筒轴分离。

套筒式印版滚筒是指在一个空滚筒上配上不同厚度的套筒而形成不同直径的印版滚筒。套筒式印版滚筒由芯轴、气撑辊（空滚筒）和套筒组成，如图 2-44 所示。

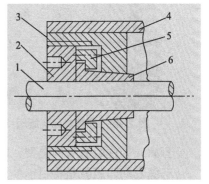

图 2-43　活动式印版滚筒结构图

1－支撑轴；2－紧固端盖；3－支撑套；
4－滚筒体；5－挡圈；6－锥形套

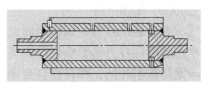

图 2-44　套筒式印版滚筒结构

更换印版滚筒时，只要打开印刷机组上的气压开关，压缩空气输入到气撑辊后，从气撑辊的小孔中均匀排出，形成"气垫"，使套筒内径扩大而膨胀，原来所使用的印版滚筒套筒会自动弹出，更换为新的印版滚筒套筒，新套筒能轻松而方便地在气撑辊上滑动到所要求的位置，关上气压开关，印版滚筒就会固定好，当切断压缩空气后，套筒会立即收缩，并与气撑辊紧固成为一体，套筒内径一般小于气撑外径，以保证其啮合。同一气撑辊上还可以装两个或更多的套筒，若需要更换或卸下套筒，只要再次给气撑辊充气即可。

（4）印版

固体感光树脂版有两类，一类为平面版材，如图 2-45 所示，但平面印版在印刷时是圆周印刷方式，而印版在圆周方向会产生拉伸变形，虽然在印前工序可预先计算补偿系数，但即便采用最先进的印前工作流程，但仍无法进行精确补偿。因为无论上版和校准装置多么精确，印版的扭曲变形却是不可预先计算的，最终导致印品印刷质量下降。

为此出现了第二类版材——套筒式版材，如图 2-46 所示。这类则可以先预装在滚筒上并以"圆周"的方式曝光或雕刻，这样最终印出来的影像同它设计出来时的形状完全一样。采用套筒式印版不仅套准精度提高了，尺寸变形问题解决了，更解决了印版粘贴不平的问题。

图 2-45　固体感光树脂版平面印版

图 2-46　套筒式印版结构图

套筒式柔性版有两种类型，即有缝套筒印版（PTS）和无缝套筒印版（CTS）。

有缝套筒印版就是将目前使用的感光树脂版（未曝光的）拼贴在套筒上制成的，再进行激光曝光，图像的传输、冲洗，直接制成能够上机印刷的版滚筒。在整个加工过程中，印版都装在套筒上，无须在上机印刷前再进行装版。无缝套筒印版是在涂有光聚合物的无缝印版套筒上进行激光曝光，需要使用特殊的直接制版机。

（5）压印滚筒

柔性版印刷机的压印滚筒也是一个关键的部件，它的尺寸精度、形状精度和动平衡精度同样直接影响到印刷质量。对于机组式和层叠式柔性版印刷机，它们的压印滚筒基本相同，都是以合金钢为筒体，经精加工制成，并且经动平衡处理。各个印刷单位压印滚筒的直径是相等的，结构也比较简单。而卫星式柔印机的压印滚筒则不同于机组式和层叠式的柔性版印刷机的压印滚筒，其结构比较复杂，其直径是其他类型的柔性版印刷机的压印滚筒的 4~5 倍。

3. 干燥装置

柔性版印刷油墨常见的干燥方式有：热风干燥、红外线干燥和 UV 固化干燥等。在热风干燥系统中，所使用的干燥介质是高速热风，高速喷射的加热气流可以提高向承印物表面的传热效率，并有足够的排风量将挥发溶剂排去。然而在使用时应注意加热所产生的热风温度，温度过高则可能造成承印材料的变形、缩变和熔化等故障，故在使用热风干燥系统时，应根据承印物的要求对热风温度进行调节。红外线干燥用一排红外灯管直接向承印材料辐射加热，它加热比热风干燥快，但停机时排热很慢，不适用薄纸和塑料薄膜的印刷。UV 固化干燥适用于紫外油墨，只要 UV 灯管的波长与油墨相适应，油墨就能在几分之一秒甚至十几分之一秒的时间内固化。

4. 收卷装置

卷筒式柔性版印刷机的收卷装置根据驱动方式分为芯轴驱动和表面驱动两种类型，与凹版印刷机的收卷装置类似，这里不再赘述。

二、柔性版印刷材料的选用

（一）印版的选用

柔性版印刷所用印版较为柔软，受压时容易出现弹性变形，并且不同厚度、硬度的版材印刷适性也截然不同。版材越薄、硬度越大，其变形系数就越小，这样就越有利于提高印刷质量。印刷薄膜时一般应选择2.28mm厚的版材，若印刷材料不平的承印物，就应采用厚度大一些的版材，否则，由于印版浮雕高度浅，空白版面容易出现起脏弊病。采用厚度大的版材印刷时，可以通过压缩变形来克服承印物厚薄差异或光泽度不好的缺陷，使表面不平的承印物表面也能获得相对比较均匀的墨色，有利于提高产品的印刷质量。

柔性印版主要可分为两大类：橡胶版和感光树脂版，而感光树脂版又分为液体感光树脂版和固体感光树脂。橡胶版主要有手工雕刻橡胶版、铸造橡胶版和激光雕刻橡胶版，它的制版成本较低，但印刷质量不如感光树脂版，比较适合印刷图像要求简单的印刷品。

固体树脂版主要由保护层、感光树脂层和片基层三大部分组成，如图2-47所示。

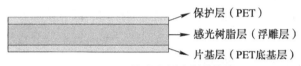

保护层（PET）
感光树脂层（浮雕层）
片基层（PET底基层）

图 2-47　固体感光树脂版结构图

固体树脂版厚度比较均匀，并且伸缩率比橡胶版和液体树脂版要小得多。由于版材具有表面着墨性好，耐印力较高等特性，并且版材宽容度较好，能再现较精细的高光网点和细小的文字、线条等，但是，版材价格较贵。一般固体版较适合于印刷精细的线条、高分辨力的层次网点及反白文字。另外从成本的角度上考虑，产品的印刷数量要大一些才能合算。而液体感光树脂版是以液体感光树脂为材料，要经过铺流、背面蒙片曝光、正面曝光、背面全面曝光、回收未硬化树脂、显影、干燥后再曝光等工序，制版时间相对较长一些，一般需要1h左右，但是，其原料成本约为固体树脂版一半。此外，由于液体版材厚度的精确度不如固体版高，且变形系数相对也大，印刷质量效果也不如固体版好。所以，一般适合于印刷数量不多，以及版面相对比较简单的产品。

（二）柔性版印刷油墨的选用

正确使用油墨，实际上就是要控制好油墨的质量。柔性版印刷主要有溶剂型油墨、水性油墨和UV油墨三大类。溶剂型油墨与凹版印刷油墨类似，这里主要讲解水性油墨的选用，水性油墨的质量参数主要是细度、黏度及pH值。

1. 细度

细度好的水性油墨，其颜料、填料颗粒就比较细，显色效果好，印刷时油墨的相对涂布量少，就可以获得较满意的色彩效果。控制柔性水性油墨的细度，可以采用细度刮板仪进行检测，一般柔印水性油墨的细度在20μm以内为宜，数值越低油墨的色浓度就越强，用墨量相对可以减少，就能获得理想的色彩，印刷时也不容易出现糊版等弊病。

2. 黏度

黏度也是水性油墨的主要指标之一，对印刷产品质量的影响较大，若黏度太高，油墨的流平性不好，影响油墨的均匀涂布，并容易出现脏版、糊版等弊病。反之，若黏度过低，印刷色彩质量效果不好。通常高档的水性油墨黏度一般应控制在20s左右，其着色力强，色彩亮丽。调整水性油墨的黏度，可通过控制油墨的温度及稀释剂用量，使油墨的黏度达到适应印刷的要求。水性油墨的黏度检测，一般采用黏度涂料4号杯盛满水墨，随即从松开出料孔到流完杯中油墨的时间即为检测结果。

3. pH值

pH值也是个不可忽略的重要控制指标，并且pH值的变化会改变油墨的黏度。通常水性油墨的pH值控制在8.5~9.5范围内，这时油墨的印刷性能相对较好，印刷质量也比较稳定。当pH值高于9.5时，由于油墨的碱性偏强，它的黏度就会下降，干燥速度就显得慢，耐水性能也变差。而当pH值低于8.5时，由于油墨的碱性偏弱，它的黏度则变高，油墨容易出现干燥现象，使印版或网纹辊堵塞，进而造成版面脏污。因此，印刷过程要注意pH值的控制。一般采用pH值稳定剂调整油墨的pH值，使用时酌情将pH值稳定剂加入油墨搅拌均匀或直接加入循环墨泵中。

三、柔性版印刷工艺控制

（一）贴版

1. 无视频贴版

① 确定整套印版的贴版方向，逐个做好记号。

② 准备并检查印版，并用专用裁切刀或刀把印版的边缘切成斜面。同时用细铅笔或圆珠笔在印版背面的中心部位划十字线。

③ 使用相应的溶剂擦拭印版辊和印版。

④ 裁切双面胶粘带，其宽度要比印版大10mm左右，长度以能绕滚筒一周，且有重叠为标准。

⑤ 把双面胶粘带的粘贴面朝下（注意另一面的保护纸不能揭掉），将其一边放在印版辊上，并使它与印版辊上的格子线重合。一边让印版辊旋转，一边缓慢地把双面胶粘带贴到印版辊上，然后用刀子将双面胶粘带重叠部分除去。注意位置要居中。

⑥ 从水平方向或纵向将保护纸剥下来，每隔2.5cm撕一条，最好先从水平方向剥，接缝和边缘最后剥离。

⑦ 在剥掉第一条保护纸后，用直尺以印版辊两端剩余水平刻度线为基准，用细铅笔或圆珠笔在双面胶粘带上画基准线。

⑧ 将印版背面的十字线与基准线对齐，先粘上一窄条，等确定误差在允许范围之内后，再撕去其余的保护纸，把印版的其他部位粘牢。

⑨ 使用胶粘带或封版胶把印版边缘封住。

⑩ 封版完毕，可以用塑料带以螺旋线方式将印版缠绕几层，放置一晚后再使用。

2. 视频装版

① 校对上版机上的两个镜头。

把印版滚筒在轴向定位，然后将上版机（图2-48）上两个镜头的横向位置调至滚筒体的两个端点处。调节"绝对平直"的基准线来校准两个镜头，直至显示屏上显示的左右两段刻线的图像在水平成一条线，这样两个镜头是准的，然后锁紧镜头。

②准备印版，并仔细检查印版质量。

③确定整套印版的贴版方向，逐个做好记号。

④用专用裁切刀把印版的边缘切成斜面，即四角切成45°。同时用细铅笔或圆珠笔在印版背面的中心部位画十字线。

⑤使用相应的溶剂擦拭滚筒和印版。

图2-48　上版机结构示意图

⑥裁切双面胶带，其宽度要比印版大10mm左右，长度以能绕滚筒一周且有重叠为标准。

⑦一边让滚筒旋转，一边缓慢地把胶带贴到滚筒上，然后用刀子将胶带重叠部分除去，注意位置要居中。如果发现胶带下面有气泡出现时，可用针刺破并用手压平。

⑧利用摄像头和显示屏完成贴版。

以印版背面的十字线为依据，在印版滚筒上确定印版粘贴的左右位置。然后撕掉双面胶带的保护纸，利用摄像头，把印版的一边先贴上，对准两方面的十字线，逐渐拉紧和拉平服。此时显示屏上会同时显示印版左右两边用于定位的十字线影像，以便印版对位和调整。

然后转动印版滚筒，开始周向贴版。要注意横向的位置、宽度，用力要均匀；周向的位置要准确；印版要服帖地贴在滚筒上，不能有气泡、皱纹。

⑨使用塑料胶带或封版胶把印版边缘封住。

⑩封版完毕，可以用塑料带以螺旋线方式将印版缠绕几层，放置一晚后再使用。

（二）网纹辊的选用

网纹传墨辊在选择时要考虑其传墨量的选用、网纹辊线数与印版线数的匹配关系。网纹辊的传墨量是指网纹辊的容积，用cm^3/cm^2来表示，国际上通常用BCM表示。一般网穴的墨量用网穴的深度表示，但是，即使相同网穴，激光雕刻和机械雕刻的格子形、锥形的容积也各不相同。也就是说，即使相同深度的网穴，印刷密度也因容积不同而不同，并且就算是完全相同容积的墨穴，由于截面形状及开口率的不同，印刷结果也有所不同。传墨量（BCM）的选用应考虑网穴结构与输墨系统型式的配合以及网穴与油墨黏度的配合。

为了使印版上的网点能得到足够的墨量，网纹辊上应有多个网穴覆盖在印版的一个网点比较合适。网纹辊的线数与印版线数有一定的匹配关系，一般来讲网纹辊的线数与印版线数之比为3：1~4.5：1。两者的比例数必须大于2.5：1，若太小，印品会产生龟纹。决定采用多少线的网纹辊时还需考虑承印材料的吸墨性，如果承印材料是非吸收性材料，墨量要求少，可使网纹辊的线数与印版线数比为4.5：1；对于吸收性强

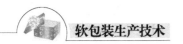

的印刷材料，网纹辊的线数与印版线数比可取 2.5∶1，否则，供墨量不够。

实地与文字印刷品对网纹辊的线数要求各不相同。实地、大色块印刷品，网纹辊网线数应选择 180~300 线 / 英寸。小色块、大字、粗线条印刷品，网纹辊网线数应选择 220~400 线 / 英寸。小字、细线条印刷品，网纹辊网线数应选择 300~800 线 / 英寸。

图像印刷品采用网目调印刷。在网目调柔性版印刷中，网纹辊的网线数是根据柔性版的加网线数来确定的。当柔印版加网线数与网纹辊的网线数之比小于 1∶2.5 时，就会出现不规则花纹（即龟纹），因此 1∶2.5 是柔印版网线与网纹辊网线之间的最低比值。

（三）版辊的安装

① 将已贴好印版的版辊根据印刷要求，安装在各自的色组，各色组印刷与网纹传墨辊的线数匹配。

② 按 "ALL REGISTERS CENTRED" 键使各版辊居中，待灯不闪后，装上横向套准装置，同时锁紧版辊两侧的固定螺丝。

③ 合上输墨辊或刮墨刀，启动油墨泵和网纹传墨辊，使油墨进入良好的循环状态，保证油墨循环的畅通，调整刮墨刀与网纹传墨辊的接触压力，使网纹传墨辊上墨均匀（严禁未供墨情况下启动网纹传墨辊）。

④ 用上手轮，将每一色组的印版滚筒与网纹传墨辊的压力调至零位。

⑤ 用下手轮，根据印版滚筒的周长，依机器上各色机组的曲线图表将印版滚筒与压印滚筒之间的压力调整至读数位置（准小不准大）。

⑥ 按 "DECK IN" 推入版辊和网纹传墨辊。

（四）各辊平行度和压力调节

首先调整输墨辊与网纹传墨辊之间的平行度和两辊之间的间隙位置；其次调整刮墨刀与网纹传墨辊之间的间隙及角度位置预调，如机器不配有刮墨刀，则无须进行该步骤。然后调整网纹传墨辊和印版滚筒之间的平行度及两辊之间的位置，印版滚筒与压印滚筒之间的平行度及两辊之间的位置，最后调整网纹传墨辊与印版滚筒之间的位置。

（五）印刷压力控制

柔性版由于版材柔软，富有较强的弹性，对印刷压力的反应比较敏感，若印刷压力偏大，就容易造成网点、文字或线条出现扩大变形，以致印刷版面产生毛糙、双影或糊版等弊病，影响产品的复制质量效果。因此，柔性版印刷工艺只要用较小的压力，就可以实现均匀而又厚实的印刷墨色质量效果。除印刷压力的合理调整外，网纹辊表面与印版表面之间的接触压力的正确调整，也是重要的技术控制环节，若网纹辊与印版之间的接触压力过大，将会由于对油墨层的过大挤压作用，使印刷版面出现糊版弊病。反之，若网纹辊与印版之间压力过小，则会影响油墨的均匀和充足的涂布。所以，每装一套版要注意调整好合适的压力。

最主要是两个方面的压力调节，即网纹辊与印版滚筒之间的压力和印版滚筒与压印滚筒之间的压力。

1. 调节三辊之间的间距

在合压的状态下，网纹辊与印版辊之间的间距，印版辊与压印辊之间的间距是一样的：0.38+1.70=2.08mm（0.38为双面胶厚度，1.70为印版厚度）。可以选用两根2.08mm厚度的标准塞尺，在印刷机组合压的情况下，将标准厚度的塞尺置于两辊之间的两端（无印版或承印物处），手工调节网纹辊与印版辊，印版辊与压印辊之间的间距，使得它们各自两端的标准塞尺拉动阻力相同为止。此时的间距就是印刷中的理想压力值，但与实际使用压印力有微小差别，需要操作人员在正常印刷中作微调。

2. 压力调节

在柔印机慢速运转中，从第一色组开始合压，首先观察网纹辊对印版辊图文表面的传墨情况。可从两端分别进行微调来达到最佳传墨效果。网纹辊对印版的传墨压力以轻为好，这有利于正确传递油墨，保证图文印迹质量和保护印版受损。其次观察印迹转印情况。承印材料表面的印迹的清晰程度是转印压力正确与否的印证。通过印版辊微调螺杆进行压印力调节，两端由轻加重逐渐进行，直至印迹完全清晰为止。

（六）印刷张力控制

开卷部分的张力可以保证输入印刷区的承印物的速率恒定，同时在停机时也要使用开卷区的张力维持在所需的值，以减少停机、开机对印刷区张力的影响。印刷区张力由牵引辊，承印辊版筒及主动力间与承印物的摩擦来维持，由于承印辊直径的变化与排列，承印物速度发生微小变化，即通过控制承印辊的运转速度来调整张力，使承印物的张力始终保持在一个稳定的状态。

在实际印刷当中，检验张力是否合适可采用机组式柔印机上装有的电脑监控系统，若放大了的套印十字线在监视屏幕上能够左右不跳动，也不向一个方向移动，也就是说基本保持静止的位置，则表明印刷张力比较适合。

四、柔性版印刷质量控制

（一）漏印（图2-49）

1. 原因分析

①尘埃附着在印版上。

②印刷压力不够。

③印版不平整，使低的部分发生转移空白。

2. 解决方法

①停机擦掉印版上的尘埃，并检查塑料薄膜印刷中是否产生静电，因为静电非常容易吸附尘埃。

②适当提高印刷压力。

③检查印版，保证印版平整。

图2-49 漏印（彩图效果见彩图8）

（二）图文周围胡须状痕迹

1. 原因分析

① 油墨干燥过快，印版边缘部分油墨发黏，承印材料薄膜与印版分离，从而发生油墨拉丝现象并出现在印刷面上。

② 油墨黏度太高。

2. 解决方法

① 适当延缓油墨的干燥过程，减轻印刷压力，尽量减少边缘带的发生。

② 检测调整油墨的黏度，将油墨稀释到适用的程度。

（三）印刷面有不规则条纹或细小斑点（图2-50）

1. 原因分析

① 低黏度的油墨给墨量太大。

② 油墨的流动性不良。

③ 承印物薄膜厚度不均匀。

④ 印版表面状态不良，尤其是感光树脂版保管不当。

2. 解决方法

① 调整使用黏度稍高的油墨。

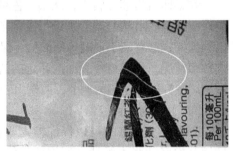

图2-50　细小斑点（彩图效果见彩图9）

② 使用流动性好的油墨。

③ 检查薄膜材料，更换使用厚度相对均匀的薄膜，或更换硬度低的印版也可以改善。

④ 更换新版。

（四）叠印不良（图2-51）

1. 原因分析

① 前色油墨干燥速度太慢。

② 后色油墨印刷时印刷压力过大。

③ 后色油墨的黏度太低。

2. 解决方法

① 前色油墨应使用干燥较快的油墨，或用快干溶剂进行调节或尽可能印得薄一些。

② 后色油墨印刷时要采用轻压力。

③ 要注意后色油墨的黏度，一般要比前色的黏度略高一些，但如果各色之间的干燥效果好的话，也可使用同样的黏度。

图2-51　叠印不良（彩图效果见彩图10）

（五）套印不准（图2-52）

1. 原因分析

① 牙距空隙不一致，或有顶牙现象。

② 放料或收料的张力不均匀，造成薄膜传递不平整。

③ 薄膜有荷叶边，厚薄不均及料内有气体等。

④ 薄膜的接头影响套印。

⑤ 前一色压力过大使印刷图文变形。

⑥ 印版质量不好，厚薄不均。

2. 解决方法

① 停机检修，注意调整顶牙。

② 检查调整收料和放料的张力，保证其平衡。

③ 更换没有荷叶边的薄膜或释放料内的气体。

图 2-52　套印不准（彩图效果见彩图 11）

④ 注意接头的粘接，保证平服。

⑤ 调整印刷压力，使各色间的印刷压力匹配。

⑥ 检查印版，对厚的部分适当研磨，或在薄的地方适当垫版，若不能解决问题，则应更换印刷。

（六）油墨黏结不良

1. 原因分析

① 用错了油墨类型。

② 过度稀释油墨。

③ 薄膜表面处理不良。

④ 油墨变质。

2. 解决方法

① 检查油墨是否适用于薄膜类型，选用合适的油墨。

② 添加适当原油墨，将油墨稀释调整合适后再印刷。

③ 检测薄膜表面张力。

④ 更换新油墨。

（七）印刷膜背面粘脏（图 2-53）

1. 原因分析

① 油墨干燥不良或有溶剂残留。

② 烘干设备残存热的蓄积或卷取的印刷品在高温下贮存。

③ 收卷张力太大。

2. 解决方法

① 提高干燥温度或降低生产速度。

② 保证环境温度适合印刷要求。

③ 避免印刷品收卷压力过大，在收卷前可使用胶印粉涂抹。

图 2-53　背面粘脏

（八）图文边缘堆墨

1. 原因分析

① 印版本身质量不好，厚薄不均匀。

② 制版质量不良。

③ 印版与压印滚筒间压力过大。

2. 解决方法

① 检查印版，若厚薄不均匀，可对厚的部分适当研磨；若对薄的地方适当垫高，如实地部分与文字细条部分在一起的图文，应对实地部分垫高一些，如还解决不了问题，则更换质量好的印版。

② 重新制版，注意提高制版技术，保证质量合格。

③ 调速控制印版滚筒与压印滚筒之间的压力，在保证印刷质量的前提下，尽量将压力调到最小，即轻微接触即可，避免因压力过大将油墨挤向四周，印版边缘的油墨以堆积的状态转移到薄膜上面而出现边缘堆墨故障。

思考题

1. 与其他印刷方式相比，柔性版印刷有何特点？

2. 柔性版印刷机输墨装置有哪些种类？各自的特点是什么？

3. 与平面版材相比，套筒式版材具有哪些优点？

4. 水性柔性版印刷油墨选用有哪些原则？

5. 柔性版印刷工艺有哪些控制要素？

6. 网纹辊的选择要求是什么？

7. 简述漏印的原因分析和解决方法。

操作训练

1. 现场演示网纹传墨辊、印版滚筒、压印滚筒之间压力的调整方法和步骤。

2. 在 30min 内完成四色印版的无视频贴版操作。

3. 在 15min 内完成两色油墨的套准作业。

4. 选择 5~10 张有不同质量问题的印品，分析各自的产生原因，并提出解决方法。

项目三
软包装复合技术

任务一 软包装干式复合技术

知识目标

1. 掌握干式复合工艺过程。
2. 了解干式复合机的结构及每部分作用。
3. 理解黏合剂的组成及反应机理。

能力目标

1. 学会上胶膜、黏合剂等材料的选用。
2. 学会张力调节与控制。
3. 学会溶剂残留量的控制。
4. 学会质量故障的分析与解决。

干式复合就是指黏合剂在干的状态下进行复合的一种方法，是先在一种基材上涂好黏合剂，经过烘道干燥，将黏合剂中的溶剂全部烘干，在加热状态下将黏合剂熔化，再将另一种基材与之贴合，然后经过冷却，经熟化处理后生产出具有优良性能的复合材料的过程。工艺流程如图 3-1 和图 3-2 所示。

干法复合适用于多种复合膜基材如塑料、纸及金属铝等，应用范围广；抗化学介质侵蚀性能优异，如食品中的碱、酸、辣、油脂等成分，化妆品中的香精、乳化剂等成分，化学品的溶剂、农药等成分，它广泛用于内容物条件较苛刻的包装，具有其他复合工艺所难以做到的综合多功能包装要求，特别是耐 121℃ 以上高温蒸煮袋，更独具优势；复合强度高、稳定性好、产品透明性好，既可生产高、中低档复合膜，又能生产冷冻、保温或高温灭菌复合膜；使用方便灵活，操作简单，适用于多品种、批量少的生产。

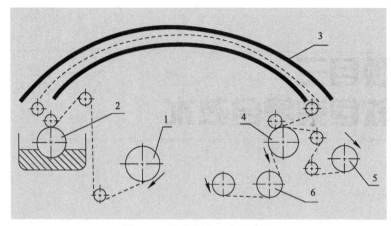

图 3-1 干式复合工艺示意图

1 – 第一基膜放卷；　2 – 涂胶辊；　3 – 烘道；　4 – 复合辊；　5 – 第二基膜放卷；　6 – 复合收卷

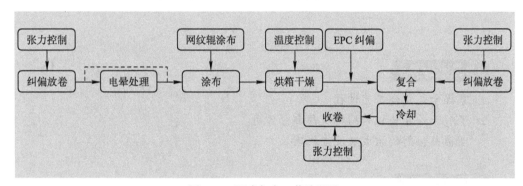

图 3-2 干式复合工艺流程图

但是，干法复合自身也存在安全卫生差、环境污染、成本较高等缺陷，随着醇溶性、水溶性黏合剂的发展在一定程度上弥补了干式复合工艺的缺点。

一、认识干式复合机结构

干式复合机结构如图 3-3 所示。其中，干式复合机的收放卷装置与凹版印刷机基本相同，这里不再赘述。

（一）边位（EPC）

边位是控制膜卷复合时薄膜走位准确、防止薄膜走偏的自动控制系统。在正式生产前应根据复合基材的宽度调整边位位置，以保证能最大范围调整膜卷的正确行走位置，如图 3-4 所示，在复合生产时要保持边位风口处的清洁，以防异物造成边位失灵。

（二）涂胶部分

涂胶部分是涂布设备的关键部件，如图 3-5 所示，包括网纹辊、涂胶压辊、胶盘、刮刀、抹平辊、胶液循环系统。

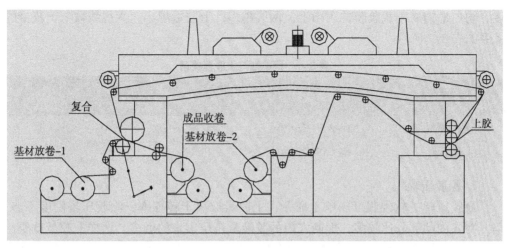

图 3-3 干式复合机结构

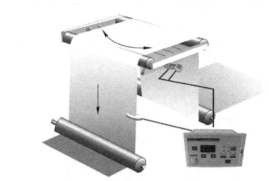

图 3-4 纠编仪

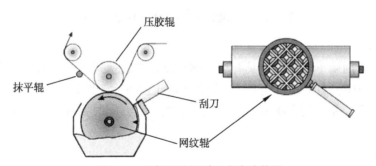

图 3-5 凹版网纹辊刮刀式涂胶装置

网纹辊涂胶的原理与凹版印刷相同，当网纹辊浸在胶盘中，胶液注满网纹辊的网孔；当网纹辊离开胶液后，其表面平滑处的胶液由刮刀刮去；当网穴中充满胶液的网纹辊与涂胶基膜相接触时，在橡胶辊加压下，胶液转移到了涂胶基膜上，再通过光滑抹平辊使胶液由不连续的网纹状变成连续的均匀胶液层。转移出去的网纹辊重新浸入胶盘，这样周而复始，形成连续的上胶。

1. 网纹辊

网纹辊又称计量辊。它决定了黏合剂的上胶量，并保证黏合剂以一定的分布密

度，均匀地铺展于载胶膜的表面上。网线越多，上胶量越小，网线线数与上胶量的关系如表 3-1 所示。

表 3-1　网线数与上胶量关系

项目 包装种类	强度要求	网线数	网深 /μm
一般轻质包装	1.0~2.5N/15mm	120~180	35~65
重包装	2.0~5.0N/15mm	80~140	55~95

2. 涂胶压辊

涂胶压辊的软硬程度影响上胶量，上胶量取决于转移率，涂胶压辊硬度不够，陷入网穴内的部分比较多，即网穴内的胶液量挤压出来的就多，这样上胶量就要比预期的少，如图 3-6 所示。同样，涂布压力过大，变多。因此，在选择涂胶压辊时，一般要选择硬度大的硅胶辊，一般控制在 HS80 左右，同时复合压力不能过大。同时在选择涂胶压辊时，还要考虑其长度，一般比上胶膜的宽度窄 5~10mm，因为若与印刷膜长度一致或偏大，涂布上胶时胶辊带胶液经热钢辊挤压，容易引起成品收卷粘边。

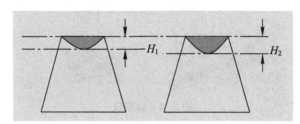

图 3-6　压胶辊的硬度与涂布时胶辊的形变

3. 刮刀

由于黏合剂属于黏流体，具有一定的黏度，在高速运转中，对刮刀产生很大冲击力，造成中间受力大，产生变形，使得中间上胶量大于两边。因此在选择刮刀时，要求刚性要高，并且刮刀压力相对来说也要大一点，同时要注意刮刀的角度与涂胶辊相切。

4. 抹平辊

黏合剂承载到载胶膜上时呈点状，因为黏度高的黏合剂流平性差，尤其是高温蒸煮胶，在进入烘箱形成胶膜前，最好用抹平辊外力流平，抹平辊与上胶膜运行方向相反，这样才能得到均匀平整的胶膜，从而减少复合产品的气泡和橘皮现象。这里需要注意保持抹平辊表面的平整度和光洁度，不能有异物，同时，在停机时，抹平辊要迅速抬起。

（三）烘道

烘道是将干式复合黏合剂进行干燥，将溶剂残留量控制在相应的范围内，三段式干燥箱的结构如图 3-7 所示。

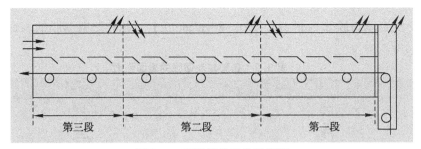

图 3-7 干燥箱的结构示意图

（四）复合系统

复合系统是由第二基材的预热部、复合部、冷却部组成。如图 3-8 所示。

1. 预热部

载胶膜通过烘箱出来后表面温度比较高，第二基材处于室温温度，相对比较低，通过对第二基材的预热，提高胶膜与第二基材的亲和力，提高复合产品的初黏力及复合强度，同时消除第二基材的表面应力。

2. 复合部

复合部是由复合热辊和复合压辊组成的。复合钢辊、胶辊的表面应光洁，其平整度、洁

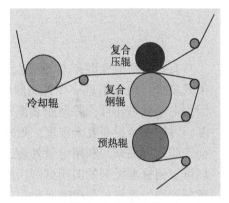

图 3-8 复合系统

净度对复合膜的外观都有很大关系，如辊上有凹陷或黏附异物，那么形成气泡等外观缺陷就会周期性地反应在复合膜上。

3. 冷却部

复合产品在复合部压紧贴合之后，表面温度还比较高，黏合剂分子间的蠕动还没有停止，通过冷却部冷却，降低分子间的热运动，从而提高复合膜的初黏力；同时，降低内层复合膜的变形。冷却辊的表面线速度与复合辊同速，可避免张力变化导致的复合膜拉伸变形。设计时，可增加成品在冷却辊上形成的包角，以增加冷却接触面。

二、干式复合材料准备

（一）干式复合基膜准备

1. 复合用基材薄膜的确定

复合用基材薄膜必须符合以下要求：

① 基材膜表面应光滑平整，有良好的光泽性、透明性，无过多的黑黄点、僵块，无孔洞，无皱褶。

② 基材膜厚度偏差应在规定的标准范围内，计算方法是在整个宽幅上每隔 20cm 作一个测量点，测出其最大厚度及最小厚度，然后以下式计算：

$$平均厚度偏差 =（平均厚度 - 公称厚度）÷ 公称厚度 \times 100\%$$

③ 复合基材膜表面张力必须在 38dyn/cm 以上。各种塑料薄膜的表面张力如表 3-2 所示。

表 3-2　各种塑料薄膜的表面张力

薄膜种类	表面张力 /（dyn/cm）
PE	35.6
PP	29.8
PVDC	45.8
PVC	44.0
PET	43.8
PA	46.5

有些材料的表面张力已经达到或超过 38dyn/cm，则可以不需电晕处理就能用于干式复合，但为了进一步提高薄膜同黏合剂的黏结力，这种薄膜也进行电晕处理，因为电晕处理还可去除薄膜表面吸附的灰尘、水分及其他油垢，使表面有良好粗糙度，可进一步提高复合牢度，另外添加在塑料粒子中的滑爽剂在成膜过程中，可能会迁移到表面来，利用电晕处理也可消除，以提高黏合剂的黏结力。电晕处理的好坏可以用标准配制的湿润试剂用脱脂棉花浸蘸后擦拭薄膜表面而得知，如果配制的试剂能均匀地分布在薄膜上，并在 2s 内不收缩成水珠状，就说明此薄膜已达到了该试剂的标号达因数，否则，表面张力达不到试剂标号的达因数。

2. 基膜宽度的确定

基膜宽度的确定依据以下几个原则：

① 复合时上胶膜的宽度一般要比分切、制袋的有效图文宽 5mm，目的是避免因上胶膜的轻微跑偏而出现分切后边缘无黏合剂出现的脱层现象。

② 上胶膜的宽度一般比上胶辊的有效长度长 5~10mm，目的是避免上胶膜的跑偏而使胶辊的两端粘上黏合剂，胶辊上黏附的胶水又转移到上胶膜的背面再粘到烘道里的导辊上、复合压辊上，有的甚至造成收卷后粘边，固化后或二次复合时无法正常开卷。

③ 上胶膜在经过烘道时由于受干燥吹风、基膜的平行度及张力的波动相对都有一定程度的横向跑偏，此时第二放卷膜就要比上胶膜宽度宽 10mm，才能较有效避免收卷粘边故障的发生。当然由于机器的性能不一样，上胶膜在复合前的波动程度及大小是不一样的，有时在不得已的情况下增加第二放卷膜的宽度也是避免粘边故障频发的方法之一。

3. 上胶膜的确定

采用什么薄膜作为载胶膜，需要根据产品的结构及基膜的性质来决定。

载胶膜一般应具有较好的拉伸强度和较好的热稳定性。较好的拉伸强度和热稳定性保证其在烘道张力及干燥温度的作用下仍保持很好的力学性能，不发生明显的拉伸形变，且在复合后残留量最少的收缩应力，以避免两种材料的收缩比相差过大产生起皱现象。

① 载胶膜一般是拉伸强度高、热稳定性好的 BOPP、BOPA、BOPET、VMPET 膜，而 CPP、VMCPP、PE、CPP 在热作用下容易发生伸长，收卷后产生较大的收缩应力，一般不作为上胶膜来使用。

② 铝箔易发生撕裂现象，一般不作为载胶膜。

③ 纸张由于有很强的吸收作用，一般也不作为载胶膜。对于纸 /Al/PE 结构产品的干法复合，又只能采用纸上胶的办法，这时上胶量要能保证在 $4g/m^2$ 以上（依纸张对胶层的吸收性而定，目的是保证表面不因纸张的吸收而导致表面缺胶，也不能因上胶量太多渗透而发生粘连），且机速要开得很慢才能保证吸入纸纤维中的溶剂能充分挥发。

④ Al 复合 PE，用 PE 上胶，但由于 PE 的延伸性很大，收卷后不可避免地存在较大的收缩应力，复合产品会有很多的起皱、隧道现象。

⑤ BOPET 与 VMPET 复合时，应让 VMPET 做载胶膜，因 BOPET 是印刷膜，为避免油墨与黏合剂相互影响，同时，由于其表面有油墨，平滑度较差，上胶量要求较多。

（二）干式复合黏合剂准备

在干法复合加工过程中，黏合剂是影响产品质量的关键因素之一。干法复合用黏合剂的种类很多，按照溶剂的不同，包括酯溶性胶、醇溶性胶和水性胶三类。

醇溶性胶是用乙醇作为溶剂，由于其毒性是乙酸乙酯的 1/3，且醇溶胶对湿度不敏感，使用的溶剂中允许含有少量水分，可在各种气候尤其是潮湿环境条件下使用，醇溶胶与醇溶性的聚氨酯印刷油墨有良好的相溶性和黏结性能。但醇溶性黏合剂不耐 100℃ 高温，不能生产蒸煮袋，不能包装含有有机溶剂的液体农药，也不能包装腐蚀性强的产品，目前仅应用于普通的干燥食品。

水性黏合剂是以水代替有机溶剂，不存在溶剂残留量的问题，同时也不存在燃烧爆炸的危险，是一种环保产品，随着技术的不断完善，应该是今后的一个发展方向。但由于水的表面张力比较大，与基材的浸润性不佳，影响复合强度，另外由于水的热容量大，烘干需要更高的温度，对于热稳定性不好的薄膜，只能通过降低速度来实现水的挥发，此外，挥发出来的水蒸气会对设备造成锈蚀。

目前用得最多的是酯溶性的双组分聚氨酯。它由主剂和固化剂两部分组成，主剂是含羟基（–OH）的聚合物。固化剂是含异氰酸基（–NCO）的加成物，主要有以下反应：

$$R-N=C=O+R+-OH \rightarrow R-NHCOOR$$

异氰酸酯　　　羟基　聚氨酯

固化剂同主剂之间是经过两者间的化学基团进行化学交联反应，产生黏结力，所以主剂和固化剂的配制比例是一定的，如果配制比例不当，就会造成黏合剂不能完全固化交联，即所说的胶不干（固化剂不足），或都是黏合剂层发硬（固化剂过量），都会影响复合膜的剥离强度。由上面的反应机理我们可以看出，在黏合剂的使用过程中，活泼的氢的引入，例如水、酒精、胺类的存在会破坏 –NCO 成分，从而给黏合剂的固化带来危害，反应如下：

① 与水反应。

$$R-N=C=O+H_2O \rightarrow RNH_2+CO_2 \uparrow$$

异氰酸酯　水　　胺　二氧化碳

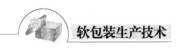

② 与胺反应。

$$RNH_2 + R-N=C=O \rightarrow RHNCONHR$$

胺　　　异氰酸酯　脲素（白色）

因此在胶水使用过程中，需注意乙酸乙酯溶剂中水和醇的总含量应控制在 0.2% 以下，在南方高温高湿的天气，需要注意水分含量的控制，在调配干式复合黏合剂时，可以适当增加固化剂用量，（增加比例是固化剂量的 5%~10%）以保证黏合剂中主剂与固化剂比例平衡，能充分交联，避免不干现象的产生。

1. 黏合剂的选用

目前，溶剂型双组分聚氨酯黏合剂，应包装市场的需求而开发了许多品种，因此，复合生产时，应根据实际要求来选择黏合剂。

（1）根据包装产品的要求来选择黏合剂

包装产品的后加工温度不同，选用的黏合剂也将不同。如常见的温度分类有蒸煮 135℃ 30min、蒸煮 121℃ 30min、水煮 85℃ 30min、室温、冷冻和深冻等。选择原则是在满足加工条件情况下考虑合适的品种，选择太高会造成浪费，成本上升。若产品为 135℃ 30min，就必须选用能够达到这种温度要求的产品；若产品只要求 121℃ 30min 的蒸煮，就不必选用耐 135℃ 的黏合剂。

（2）根据复合包装的结构选择黏合剂

复合包装所用的材料多种多样，常用材料有 BOPP（光膜、珠光膜、消光膜等）、PET、BOPA、Al、镀铝膜（VMPET、VMCPP、VMPE 等）CPP、PE 等。单 PE 膜又千差万别，如 PE 厚度不同、所用的树脂不同则 PE 膜的特性不同，所选用的黏合剂也不同。

如在复合镀铝膜方面，使用普通的黏合剂时，一般剥离强度只有（0.3~0.6）N/15mm，镀铝转移严重。这样的包装袋如果用来包装一些不规则体的固形物（如茶叶），然后抽真空，经过一段时间，会发现包装袋的外表会出现大的白泡，也就是镀铝复合膜脱层。因此必须想办法提高镀铝复合膜的剥离强度（镀铝膜在未复合前镀铝层的附着强度为 2N/15mm），解决镀铝膜转移的问题，其中的一种办法是选用镀铝膜复合专用黏合剂。

（3）根据所用的干式复合设备选用黏合剂

在干式复合生产时会发现这样一种现象，同样一种黏合剂在不同厂家使用效果不同。这其中的原因多种多样，其中有一个因素就是所用设备不同。现在所用的干式复合机档次差距较大，在选用黏合剂时，应根据自己设备情况选择黏合剂。

根据设备的张力系统选择黏合剂。如果设备的张力控制系统水平较差，对张力的控制精度不高，跟踪反馈较差，那么选择黏合剂时，应首选初黏力好的，这样可以减少隧道的形成，反之，张力控制系统很好，那么黏合剂的初黏力差一些也没关系，不会出现隧道，对成品率也无影响。

根据设备的工作速度选择黏合剂，如果设备的工作速度很高，那么选择黏合剂时，应选择黏度较低的，如果黏度过高，黏合剂会在胶槽中生成大量的气泡，严重影响到黏合剂的涂布状态，进而影响到产品的质量；反之，工作速度较低，选择黏合剂时，黏度可以高一些。

（4）根据黏合剂的工作浓度选择黏合剂

在相同的速度等工艺条件下，黏合剂的工作浓度越大，越具有经济性，透明度等质量因素越好。一般固含量越高的黏合剂，其工作浓度越高。固含量 50% 的黏合剂，其工作浓度在 20%~30%；而固含量 75% 的黏合剂的工作浓度在 30%~40%。

现举例如下（黏合剂干基：2.5g/m² 的情况下）。

方案 A：使用固含量 50% 的黏合剂，工作浓度 25%，湿胶量需 10g/m²。

方案 B：使用固含量 75% 的黏合剂，工作浓度 40%，湿胶量需 6.25g/m²。

方案 A 比方案 B 多耗用乙酸乙酯 3.75g/m²，约 0.03375 元 /m²，如将这 3.75g/m² 的乙酯挥发彻底，就必须多耗用一定的热量，影响生产效率。因此在选用黏合剂时尽可能采用高固含量的黏合剂，使用尽可能高的工作浓度，才能具有非常好的经济性，才能提高效率，同时复合膜的透明度等指标会更好。

三、干式复合工艺控制

（一）涂胶的控制

1. 上胶量

上胶量就是每平方米基材面积上有多少质量的干基黏合剂，一般以 g/m² 表示。在干法复合中，黏合剂的涂布量很大程度上影响着复合薄膜的质量。当涂布量不足时，复合薄膜的黏合强度差、耐蒸煮性和热封强度降低；当涂布量过多时，会使薄膜发皱变硬，开口性变差，同时溶剂不易挥发彻底，胶层中也会残存溶剂。实际生产中的上胶量可以参考表 3-3 表确定。

表 3-3　涂布量的参考值

分　类	薄膜结构及用途	标准涂布量 /（g/m²）
一般用途	无色、平滑薄膜	1.5~2.5
	多色印刷等油墨涂布量较多的薄膜及纸塑复合膜	2.5~3.5
	有侵蚀性的内容物包装膜	3.5~4.0
煮沸用	煮沸袋（低温蒸煮袋）	3.0~3.5
蒸煮用	透明蒸煮袋	3.5~4.0
	含铝箔蒸煮袋	4.0~5.0

涂胶量的大小主要取决于网纹辊网穴的深浅，网穴越深涂胶量越多，网穴越浅涂胶量越少。一般的覆膜都用 175 线（一般袋），要求高的如封口膜（牛奶盖）用 120~140 线，特别高的如蒸煮袋必须用 100 线或以下的，才能保证黏结牢度。

胶液的浓度能影响上胶量，一般浓度越高，上胶量越多。

2. 上胶量均匀性控制

正确调节刮刀可以保证上胶量更加均匀，从而减少或避免气泡出现。

（1）刮刀压力

在实际操作过程中，压力一般在 200~400kPa，如果刮刀作用在网纹辊上的压力过小，在有杂质混入时，就容易将刮刀顶起来形成缝隙，使涂布不均匀。

（2）刮刀角度

由于网纹辊表面是不平滑的，如果刮刀安装的角度过大，在它高速运转时，弹性刮刀片容易发生震动或跳动，使胶液弹起来，引起涂布量差异增大，一般刮刀与网纹辊接触点的径向夹角选择在 15°~30° 之间。

（3）刮刀平整度

刮刀平整，则涂布量均匀，否则，涂布量差异变大。刮刀的平整度取决于刮刀的安装方法，也可能与刀架槽内部或刀片、衬片上粘有杂质有关。因此，在安装刮刀时应先擦净衬片，然后将新刀片放在衬片后面，装入刀架槽内。旋紧刀背螺丝时，应先从刀片的中间开始逐渐往两边拧紧，并且两边要轮流拧紧。为防止刀片翘曲裁切，旋紧螺丝一般要经两三遍完成，一边旋紧螺丝，一边用布来夹紧刀片与衬片，并用力向外侧拉紧，这样装配完的刮刀就比较平整了。

（二）张力控制

复合机的张力控制包括包卷张力控制、复合张力控制和收卷张力控制，其张力控制系统如图 3-9 所示。

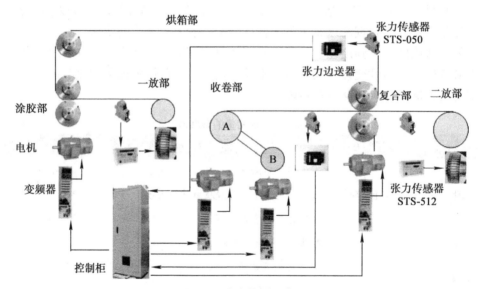

图 3-9　张力控制示意图

1. 放卷张力的控制

放卷张力控制分两段，即指第一基材放卷辊与涂布辊之间的张力控制及第二基材放卷辊与复合辊之间的张力控制。放卷时均采用恒张力放卷，因此放卷过程中随着卷径的减小，张力要保持基本恒定，就要由磁粉制动器通过调节转动力矩来满足张力恒定的要求。同时因为这两段的距离比较短，所以张力初始值的设定要小一些。

2. 烘道张力

烘道张力是由涂布辊与复合辊的速度差引起的。一般情况下复合辊的速度要比涂布辊速度大 0.05%~0.1%，这样才能保证膜处于平整的状态。在干式复合机中通过调节电流输出来改变复合辊与涂布辊的速度差，达到调节中间干燥部分的张力，这部分的张力除了受速度差的影响外，还与实际基材的伸缩率、薄厚变化、干燥温度、干燥区的长度、膜的传输速度等因素有关。如果薄膜的伸缩率越大，在张力作用下越容易变形，所以应针对不同材质的薄膜适当调整电流输出，改变速度差，从而得到一个合适的张力值。如果基材的厚度不均匀，复合辊和涂布辊的压力就会波动，从而造成速度的变化，也即影响了张力。如果这部分的张力太小或者没有张力，即涂布辊的速度大于或等于复合辊的速度则会出现膜的褶皱，甚至造成膜堆积现象，影响黏合剂的涂布效果。但是张力也不能过大，因为受干燥温度的影响，张力太大会使薄膜在受热的状态下发生不可逆的拉伸变形，甚至出现纵向的皱纹，造成复合膜的报废。

3. 烘道张力与副放卷张力匹配

张力的相互匹配是整个张力控制的核心内容，也是决定复合膜性能的重要指标。张力是否匹配主要体现在各基材的张力控制是否协调，能否达到去除张力后各基材的回缩程度基本一致。以结构为 BOPET/Al/PE 的复合膜为例，在第一道复合中，BOPET 作为第一基材，因其是所有塑料薄膜中抗拉强度最大的，而且刚性强、硬度高，所以放卷张力可以较大，而另一基材 Al 的延伸率则较小，复合冷却后 BOPET 因被拉伸而出现收缩，致使铝箔凸起，形成横向的皱纹，即"隧道"现象，在第二道复合时，BOPET/Al 复合膜因铝箔的影响延伸率大大降低，因此第二基材 PE 的放卷张力应降低，以免在复合膜冷却的过程中因 PE 膜的收缩造成膜的卷曲，不利于后期的加工和制作。严重时会因黏合剂未完全的交联固化，内聚力小，基膜间产生相对的滑动而造成起皱、"隧道"、分层剥离等缺陷，特别是横向的皱纹更易发生。

4. 收卷张力的控制

收卷张力控制是指收卷辊与复合辊之间的张力控制。在收卷时由磁粉离合器对卷芯施加卷取转矩，通过卷取层间的摩擦力，在最外层发生张力，此为收卷张力。其控制的目的就是使复合好的膜卷成状态最好的膜卷。目前常用的是锥度张力控制方式。

（三）干燥控制

干燥是干法复合的关键过程，它对复合物的透明度、残留溶剂量、复合强度（残留溶剂存在于胶层中，对胶层起溶胀作用，影响剥离强度）、气味、卫生性能都有直接的影响。干燥部分由预抽箱、烘道、干燥温度控制装置、蒸气通道、导辊等组成。通过干燥装置将涂布在基材上的黏合剂的溶剂加热蒸发并抽走。预抽箱不加热，而是通过大量抽吸使溶剂未加热前急剧减少。

1. 黏合剂干燥过程

黏合剂涂层在烘道内的干燥速率变化如图 3-10 所示。黏合剂从涂布辊转移到基材表面后即开始自然干燥，在干燥箱第一段之前通常能使黏合剂固含量上升 3%~5%。干式复合机干燥箱第一段包括平衡干燥段和部分降干燥段，将 85% 左右的溶剂蒸发掉，通常第一段干燥速率不能太快，因为进入降干燥阶段，干燥速率取决于溶剂从涂层内部向外表面扩散的速率，且黏合剂尚有流动性，是涂层弊病多发段。干燥箱的第二、三段都处于涂层降干燥阶段，随着涂层溶剂含量的减少，干燥速率逐步下降。基材及涂层吸收喷嘴气流的热量高于溶剂蒸发耗损的热量，温度逐渐升高，直至与热风温度接近，所以第三干燥箱的温度考虑基材是否会因温度太高而变形。

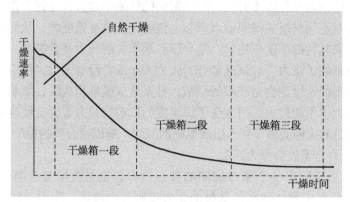

图 3-10　涂层干燥速率变化图示

2. 干燥控制

（1）影响溶剂残留的因素

① 膜的影响。

不同的载胶膜对溶剂的吸附和释放速率是不一样的，常用的载胶膜中乙酸乙酯的释放速率排序为 PET>NY>BOPP（吸附速率正相反），在通常的烘干条件下的温度距 BOPP 薄膜熔点更近，其分子无规运动更加剧烈，表现对乙酸乙酯和甲苯等有机溶剂的吸附速率加快，从而使其更难挥发，因此，对于 BOPP 薄膜，要进一步降低其溶剂残留，难度更大些，必须同时考虑温度升高带来的对溶剂释放速率和薄膜变形两个因素。另外，不同阻隔性的复合膜相复合，其溶剂残留的结果也是不一样的，如在 PET/VMPET，PET/VMBOPP 和 PET/PE 结构中，相同工艺条件下，其溶剂残留量顺序如下（数值由高至低排序）：PET/PE，PET/VMBOPP，PET/VMPET。这是由于 PET/VMPET 结构中阻隔性更高，溶剂更难以释放，所以测出的溶剂残留量更低些。

② 乙酸乙酯中水含量。

乙酸乙酯中的水分不单影响剥离强度、透明度等，而且对乙酸乙酯的挥发也有较大的影响，进而影响复合膜的溶剂残留量，这在国内大多数厂家还是一个比较棘手的问题，目前国内尚没有适合国情的软包装用乙酸乙酯标准。同样，车间的湿度大，也会使最终复合膜溶剂残留提高。

③ 黏合剂结构。

聚氨酯黏合剂的主剂，其分子链中含有活性氢的羟基（–OH），与乙酸乙酯（$CH_3COOCH_2CH_3$）会形成氢键，这个氢键的形成，大大束缚了乙酸乙酯的挥发。而主剂结构的变化会影响此氢键的强弱，氢键越强，乙酸乙酯释放越难，因而不同的主剂会造成不同的溶剂残留结果。

④油墨。

油墨是由连结料、溶剂、颜料和改性剂四部分组成的，其中对溶剂残留量影响较大的是连结料部分，而且不同的连结料对同一溶剂挥发速率的影响是不同的。如PET印刷采用的是聚酯作为连结料的PET油墨，则其分子中的羟基（–OH）基团会与乙酸乙酯（$CH_3COOCH_2CH_3$）形成弱氢键作用，从而抑制了乙酯的释放；又如BOPP印刷采用氯化聚丙烯树脂作为连结料的BOPP油墨，对甲苯的释放又有影响，因为氯化聚丙烯和甲苯都含有强的极性基团，而且酯溶解度参数相近，形成了较强的分子间力作用，这也就是一般为何BOPP印刷产品甲苯残留量易超标的一个重要的微观原因，并且一般乙酸乙酯的最终残留量总是甲苯的1.5~2.0倍。

（2）温度控制

由于乙酸乙酯的沸点为70℃，而第二段超过70℃时蒸发残留的乙酸乙酯少，第三段用更高温度蒸发。通常三段干燥温度的设定为第一段50~65℃，第二段65~75℃，第三段75~80℃。温度一定要梯级升高。第一段温度不可过高，要让溶剂逐渐逸出，否则黏合剂表面硬化（表面结皮）、内层溶剂残留在胶内，会极大影响复合膜强度、透明度、残留溶剂量、气体。第三段温度的设定要考虑基材是否会因温度太高而收缩及热量作用下的变形量。

PET膜可设定温度为60℃、70℃、80℃。OPP类可设定为60℃、70℃、70℃。由于PET类在作业时不容易在膜边缘上排泄，所以设定为80℃略高，而OPP类易排泄，所以设定可低点。

（3）通风控制

有热风循环系统的干燥器风量的调节比较复杂一点，然而它节能的优点很明显。决定热风循环功率大小首先要考虑干燥系统中气体的溶剂含量，因为气体中的有机溶剂含量达到一定浓度会引起爆炸。三段干燥箱的蒸发量不是平均分配的，所以循环量的调节很有讲究。例如在烘箱的第一段，挥发的溶剂占整个干燥过程的85%，而干燥箱的第二段、第三段则相对低很多，所以在烘道第一段循环风量要尽量小或不开，以避免烘道内形成高溶剂气压而抑制了溶剂的挥发速率；而在干燥的第二段、第三段循环风量可占进风总量的25%~35%。

风速设定最低25m/s，在出风喷嘴处测定，最好达到35m/s，这样可以形成风铲，热量直达胶膜深处，利于黏合剂的彻底干燥。另外进风、出风要平衡，防止膜抖动，引起皱纹。

（4）综合控制

通常所说的标准工艺参数三段烘箱温度分别为60℃、70℃、80℃的温度梯度，是针对正常的机速（80~120m/min），而且是以乙酸乙酯作为溶剂而言的，一般情况下，良好的通风加上这样一个温度梯度，溶剂残留量应该是较低的，但如果要将残留溶剂量控制得更低（如小于5mg/m²）或印刷工序采用二甲苯，或满底印刷工序甲苯残留量大于5mg/m²时，或采用易吸附乙酸乙酯而溶胀的薄膜时，应考虑将干法复合烘箱温度相应提高5~10℃，但需注意的是提高温度会提高薄膜内爽滑剂的迁移性——向黏结层迁移，从而造成摩擦系数的增加和黏结强度的降低，对于卷材产品，尤其要注意温度的提高而造成摩擦系数的降低。在调节时，第一段烘箱温度尽可能不动，保证乙酸乙酯和甲苯在第一段保持一定的挥发速率，因为如果在第一阶段乙酸乙酯与甲苯挥发过快，在黏合剂表面将形成一个较致密的硬胶层，它的存在将严重影响里层的胶和油墨中乙酸乙酯及甲苯的挥发，造成残留溶剂量增大。第二段以温度提高5~10℃为好，强迫里层胶和油墨中的乙酸乙酯及甲苯挥发，到了第三阶段，乙酸乙酯和甲苯的挥发已经很难了，因为表面的硬胶已形成，剩余少量的乙酸乙酯和甲苯很难突破胶层而挥发，这也是为何工艺标准中要求最后一段温度较高的原因，如果有必要，在最后一段温度可以相应提高5~15℃，但此数据是依据机速在80~120m/min范围内的实验结果，如果机速降低，则温度可以相应下调。

（四）复合控制

复合是将涂胶干燥后的第一基材与另一种未涂胶的基材经过复合装置加热、加压下黏合在一起形成复合膜的过程。

1. 复合温度控制

干式复合是在黏合剂已"干"的状态下进行的，黏合剂的流动性已经大大降低，但是该干基的流动性、对基材的黏着性随着温度的升高而加大，随外力的加大而加大，因此在复合部提供一定的温度和压力，不仅能进一步活化黏合剂，而且使黏合剂进一步流平，进一步消除黏合剂在薄膜上的细微缺陷。因此复合辊的温度在不影响质量的前提下尽可能高一些。如Al/CPP之间的剥离强度与复合辊温度之间的关系如图3-11所示。

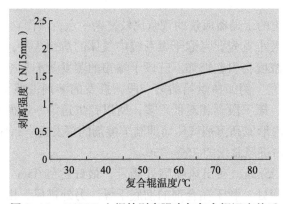

图 3-11　Al/CPP 之间的剥离强度与复合辊温度关系

复合钢辊表面的温度多数控制在65~85℃，这要由基材运转的线速度、基材的导热性、基材的厚度、黏合剂"活化"性能等综合因素确定。若速度快、导热性好（如含铝箔）、基膜胶厚，则复合钢辊表面的温度应高一些，反之就可以低一点。复合纸制品时，一般不加热。

若复合钢辊表面温度太高，所用的基材又是耐热性不太好的LDPE，当温度超过100℃时，LDPE膜就会粘在钢辊上或熔化，造成故障，所以要注意控制。特别是有些国产的小型复合机，其复合钢辊是电热丝在辊内直接加热的，若控制不当或控制失灵，有可能造成表面温度太高的危险，特别是在停机后再开机的一段时间内。大中型复合机大多是由热油循环加热的，只要控制好油箱温度就不会出问题，也有用蒸汽直接加热的，这就要经常检测和加强控制。

对第二放卷基材进行预热，可以增加复合强度，加快黏合剂反应速率，帮助张力匹配。预热辊温度一般控制在 40~60℃。

2. 复合辊压力控制

复合部的结构有二辊式和三辊式两种结构，如图 3-12 所示。在二辊式结构中，复合压力是通过胶辊的两端给力，然后传向复合钢辊。该力较大，必将造成胶辊的形变，形成的胶辊两端复合压力大、中间小。而在三辊式结构中，复合压力是通过背压辊再传向复合辊的，因背压辊的形变很小，那么背压

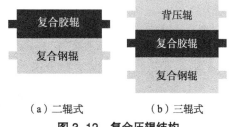

（a）二辊式　　　　（b）三辊式

图 3-12　复合压辊结构

辊传向胶辊的压力是均匀的，胶辊传向复合辊的压力也是均匀的。从上面的分析来看，三辊式的结构较为合理。

复合压力指复合胶辊与复合钢辊间的压力。复合压力与黏合剂、薄膜基材均有关。黏合剂的固含量高、分子量低、初黏力低就应提高压力，对厚硬基材适当提高压力，对 EVA、纸、镀铝膜应适当减少压力。通常复合压力为 0.15~0.4MPa。硬胶辊与复合辊呈线性接触态，而软胶辊与复合辊呈面接触状，软胶辊比硬胶辊的接触线宽，导致接触点的压强减少，另外，软胶辊由于橡胶的蠕变大，导致复合膜的形变，在复合铝箔时，可能导致废品的产生。

3. 冷却控制

第一基材与第二基材复合好后，从复合钢辊上剥离下来，进入一个直径较大的冷却钢辊，对复合膜进行冷却后，才可再收卷起来。冷却效果与冷却水的水温、薄膜对冷却辊的包角有关。冷却的作用有两点：

① 让复合膜冷却定型，收卷时更平整、不发皱，因为刚从热的复合钢辊上剥离下来时，复合膜的温度往往高达 60~70℃，复合膜的刚性差，发软，特别是塑 / 塑复合的场合，更是如此。如果不冷却就收卷，可能起皱，而冷却后，复合膜的刚性好一点，挺括一点，收卷时不易起皱。

② 让黏合剂冷却，产生更大的内聚力，不让两种基材产生相对位移，避免起皱，产生"隧道"现象。复合薄膜的收卷要尽量卷紧一点，不要太松，特别是使用初黏力不够大的黏合剂时，更应如此。因为初黏力小的黏合剂，刚复合后还未交联固化，不能使两种基材粘牢，如果张力又控制不妥，一种要收缩（往往是 LDPE），另一种又不收缩，这样就要产生起皱、"隧道"、分层剥离等缺陷，特别是横向的皱纹更可能出现。如果收卷张力足够大，卷得很紧，收缩不起来，那就不会有上述问题。待黏合剂固化后，黏结牢度足够大，能粘牢两种基材而不再发生相对位移后，将它放松，就可以进行下一道工序的操作了。

（五）熟化控制

1. 熟化机理

熟化也称固化，就是把已经复合好的膜放进熟化室，使双组分聚氨酯黏合剂的主剂、固化剂反应交联，使分子量成倍地增加，生成网状交联结构，从而使其有更高的复合牢度、更好的耐热性和抗介质侵蚀的稳定性。同时在熟化温度下膜层内残留溶剂加速向外迁移，使复合膜溶剂残留量降低。

在熟化时黏合剂的化学反应示意图如下：

2. 熟化温度控制

黏合剂的化学反应速度与温度直接相关，温度越高其反应速度越快。当然在常温下其交联反应也会慢慢进行，但速度不快，要 7~10 天时间才能达到较完全的程度，周期太长，效果太低，而且最终剥离强度也没有在加温状态下熟化的好。例如，铝箔与聚乙烯之间的牢度，在 35℃下 4 天后的剥离力只有 2.8N/15mm；若在 45℃下 4 天，则可达 3.5N/15mm；若提高到 55℃，同样是 4 天，就可高达 6N/15mm。由此可见熟化温度对剥离强度的影响关系。

熟化温度太低，低于 20℃以下，黏合剂反应极缓慢；但是，熟化室温度不能太高，熟化温度对复合的内层摩擦系数有较大的影响，因为复合包装膜内层 PE、PP 所用的爽滑剂（通常是芥酸酰胺或油酸酰胺）具有热挥发性，在熟化中有部分挥发掉，若熟化温度过高时，爽滑剂的挥发速度加快，造成留在膜内表面的爽滑剂不足，膜的摩擦系数增大，严重时制袋后其开口性变差或摩擦系数过大制袋机拖不动，造成袋长不一。另外，所用的 LDPE 等薄膜的耐热性不够高，若熟化温度达 80~90℃甚至更高一些时，这些薄膜会产生收缩变形，甚至严重到粘连熔化的地步。

一般 PET、PA、Al、CPP 等薄膜因其耐热性好、收缩温度高，熟化温度可提高。而 LDPE、EVA 等熟化温度不可过高。纸 /PE、BOPP/Al 等熟化温度更底；上胶量高的产品熟化时间加长；膜厚、膜卷直径大时熟化时间加长；为降低残留溶剂可适当延长熟化时间；以膜卷形式出厂的产品熟化时间加长，特别是有纵向凸筋的产品。

3. 熟化时间控制

熟化时间是根据黏合剂的特性及使用要求来决定的，后加工使用过程中对黏合剂的耐热、耐介质性能要求越高，则熟化时间应相应延长，一般规律如下所述。

① 一般轻包装采用普通黏合剂，在 50~55℃的条件下熟化 24h 即可满足使用要求。

② 对内容物有一定的耐性要求，使用抗介质功能性黏合剂的复合膜，应在 50~55℃ 的条件下熟化 36h 以上。

③ 使用耐水煮性黏合剂，并在加工时有水煮要求的复合膜就在 50~55℃ 的条件下熟化 48h 以上。

④ 使用耐蒸性黏合剂，并在加工时有蒸煮要求的复合膜应在 50~55℃ 条件下熟化 72h 以上。

⑤ 为了加快物料流转，缩短生产周期，轻包装可以使用快速熟化型黏合剂，熟化时间在 8~12h 不等。

主剂和固化剂的反应率没必要熟化至 100% 反应完成，但有些应急生产的蒸煮袋，意味着客户马上要使用，还是熟化至规定时间为好，别看包装袋剥离强度相差不大，耐温性和耐腐蚀性却不一样。这里讲的规定时间是指连续熟化时间，不可断断续续熟化后累加。

 熟化判断小技巧

1. 熟化时间是指连续熟化时间，不是间断熟化后累加时间，一般情况下没必要等主剂和固化剂完全反应后才完成熟化，但有些应急生产的蒸煮袋，即客户马上要使用，需要熟化完全，虽说这两种方式生产的包装袋的剥离强度相差不大，但耐温性和耐腐蚀性却相差很大。

2. 根据熟化完全后胶黏剂的状态，可以判断固化剂和主剂配比是否合适，若胶黏剂呈不干状态，表明固化剂的含量偏少，若胶黏剂发硬、发脆，表明固化剂的含量偏高。

四、干式复合质量问题及解决方法

（一）复合产品气泡

出现气泡是由于复合层之间没有完全贴合。如图 3-13 所示。

1. 产生原因

① 压辊使用时间过长或使用维护不当，会使胶辊表面局部腐蚀或损伤，复合薄膜经过复合辊时，腐蚀或损伤部位没有受到压辊的压力，形成气泡。

② 溶剂含活性氢的含量较高，反应放出二氧化碳，形成气泡。

③ 涂布量低于一定限度时，也容易形成气泡。

图 3-13 气泡现象（彩图效果见彩图 12）

2. 解决办法

① 更换压辊或修复。

② 控制溶剂纯度。

③ 对涂布辊进行清洗处理或更换涂布辊。

（二）复合强度不良

复合强度不良是指剥离复合膜的强度比较低，如图 3-14 所示。

1. 产生原因

① 黏合剂及其涂布量选择不当或配比计量有误。

② 溶剂含醇、水或吸湿性基材含水较多，主剂反应不完全。

③ 涂布量不足。

④ 熟化条件不当。

⑤ 干燥和复合条件（复合压力、复合温度）不当。

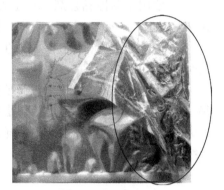

图 3-14　复合强度低

⑥ 复合基材表面张力偏低。

⑦ 复合基材添加剂（爽滑剂、抗静电剂）析出。

⑧ 基材表面塑化不良或基材表面污染。

2. 解决方法

① 重新选择黏合剂及其涂布量，准确配制。

② 控制溶剂水、醇含量。

③ 提高涂布量（或更换、清洗涂布辊）。

④ 检查涂布压胶辊是否正常工作。

⑤ 更换黏合剂。黏合剂应随配随用，严格控制剩余黏合剂的使用。

⑥ 复合基材进行表面处理。

⑦ 控制熟化温度和时间，抑制爽滑剂析出。

⑧ 更换基材。

（三）产品异味

1. 产生原因

① 印刷油墨本身有问题或残留溶剂过高。

② 薄膜生产厂家在生产基材时加入了某些有气味的助剂，经干式复合后助剂逐渐渗出而引起异味。

③ 薄膜本身的异味（PE 的氧化臭味、EVA 本身臭味等）。

2. 解决办法

① 更换印刷油墨，严格控制印刷质量。

② 调整干燥箱温度、进风量、排风量及车速。

③ 更换基材。

（四）隧道效应（图 3-15）

1. 产生原因

① 张力控制不当。

② 黏合剂的初黏力太低及涂布量选择不当。当黏合剂涂布过多时，会发生黏合剂层间滑动。

③ 气泡集结是由于黏合剂被油墨表面吸收或排斥，使油墨表面的黏合剂涂布量不足而形成气泡集结。

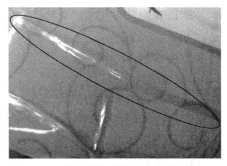

图 3-15 隧道现象（彩图效果见彩图 13）

2. 解决办法

① 调整各部分张力，使两种基材伸缩相当。

② 确定适当的涂布量，控制复合初黏力。

③ 应选用润湿性良好的油墨或黏合剂，适当提高涂布量。

（五）复合斑点

复合斑点也称白点，如图 3-16 所示。

1. 产生原因

① 在印刷薄膜与铝箔、镀铝膜复合中，镀铝膜、铝箔表面光洁度高，反射光线能力强，当油墨的遮盖力不够或印刷油墨浓度稀、墨层薄，光线穿过油墨会遇到铝层反射。以白色、黄色等浅色出现较多。

② 与印刷薄膜直接复合的聚乙烯乳白基材薄膜表面粗糙时也会造成复合斑点。

图 3-16 复合白点（彩图效果见彩图 14）

2. 解决办法

① 选择遮盖力高的油墨或加厚油墨墨层。

② 适当提高黏合剂涂布量，检查压辊状况。

③ 更换基材薄膜。

（六）划痕（图 3-17）

1. 产生原因

① 由于刮刀在使用完后没有清洗干净，残留黏合剂固化，再次使用该刮刀时形成刮痕。

② 在涂布过程中由于异物堵塞在刮刀部位或刮刀机械损伤而形成刮痕。

③ 干法复合机导辊黏附的黏合剂硬化后可直接划伤薄膜，尤其是干燥箱内的导辊与复合辊不能同步运转时，导辊上的异物更容易划伤薄膜。

图 3-17 划痕

2. 解决办法

① 清洗或更换刮刀。

② 清洗擦拭导辊。

（七）滑性不良

滑性不良指复合后的产品在制袋和自动包装机上运行不畅，或制出的袋子开口困难。如图 3-18 所示。

图 3-18　走膜不顺畅

1. 产生原因

① 熟化温度偏高，爽滑剂在高温下失去作用。

② 黏合剂渗出到内层表面，影响了基材薄膜表面的摩擦系数，尤其是在薄膜较薄、电晕处理过度时更易发生。

③ 基材本身爽滑性不良。

2. 解决办法

① 严格控制熟化条件。

② 检查黏合剂的种类或品级。

③ 更换基材。

🅿 思考题

1. 阅读下面工艺单，并思考：

① 工艺单中各参数代表的意义？

② 各工艺参数值如何确定？

产品名称		××××		版　号				详见附表		
产品结构		ON15/PE 白 55/PT1540-30		工艺流程				印刷 – 复卷 – 干复 – 热化 – 挤复 – 分切 – 包装		
复合顺序		黏合剂种类及配比		浓度 /%	黏度 /s	刮刀压力 / MPa	涂胶压 力 /MPa	复合压力 / MPa	复合速度 / （m/min）	
一遍		XH-750E/XH-K75E/ 乙 酯 =20：3.2：24~28		33~35	20~24	0.15	0.35	0.35	100	
		基材	产地	规格 / （μm×mm）	电晕强度 / （Dyn/cm²）	放卷张力 /N	出口张 力 /N	收卷张力 /N	附注	
一遍	主 放 卷	NY	××	15×640	≥ 52	50	55	85 NO.1	注意检查 PE 白质量、 塑料良好	
	副 放 卷	PE 白	××	55×640	≥ 38	30				
		干燥温度 /℃			复合温度	涂布辊规格 /#		压印辊宽度 /mm	重复长度 /mm	
一遍	60	70	80		70	69		635	详见附表	

产品要求								
	端面平齐 /mm	溶剂残留 /（mg/m²）	上胶量 /（g/m²）	剥离强度 /（N/15mm）	熟化温度 /℃	熟化时间 /h	表现效果	出卷方向
一遍	≤ 4	≤ 10	3.5~4.0	≥ 2.5	45	48	良好，无气泡、白斑	尾先出
工艺控制	1. 生产前清理好烘道和各导辊、压印辊、复合辊，保证清洁无异物； 2. 对标准样检查印刷膜，测重复长度，检查出卷方向； 3. 生产中控制好各部分张力，防止出品及复合、收卷打褶，控制好进风量、排风量，控制溶剂残留量，保证上胶量； 4. 收卷用 6 英寸纸管，收卷松紧适中，防止熟化后出现严重皱褶							

注：1. 实际生产时温度可以在给定值 ±5℃内波动。
　　2. 实际生产时张力可以在给定值 ±10% 内波动。
　　3. 实际生产时压力可以在给定值 ±0.1MPa 内波动。

操作训练

1. 根据选用的干式复合黏合剂，阅读黏合剂的说明书，进行黏合剂的配制，并测定其黏度。

2. 若复合膜上胶量不均匀，请调整干式复合的上胶系统。

任务二 软包装挤出复合技术

知识目标

1. 掌握挤出复合工艺过程。
2. 了解挤出复合机的结构及相应的作用。
3. 掌握常用挤出复合材料的性能及用途。
4. 理解挤出复合工艺参数的控制方法。

能力目标

1. 能够看懂工艺流程单，在生产中正确执行各工艺参数。
2. 具备挤出复合机认识与辨别的能力。
3. 具备初步的挤出复合工艺控制能力。
4. 能够解决生产中常见的质量问题。

挤出复合是将热塑性树脂在挤出机内熔融后，由扁平模口挤出片状熔体薄膜作为黏合剂，立即与一种或两种基材通过冷却辊和复合压辊复合在一起的方法，如图3-19所示。若生产中没有基材 2，通常称为挤出涂覆或淋膜，两者的工艺流程和设备相似，但在工艺参数设置上略有差异，因为挤出复合主要考虑挤出树脂的黏结强度，而挤出涂覆主要考虑挤出树脂的热封性能。

图 3-19 中的基材 1 通常是 BOPP、PET、ONY、纸张等材料，基材 2 一般是 LDPE、CPP、铝箔、镀铝薄膜等材料，挤出机机头挤出的一般是 PE、PP、EVA、EAA、Surly 等热塑性树脂。

① 普通洗衣粉包装膜可以通过挤出复合工艺生产，结构如下：

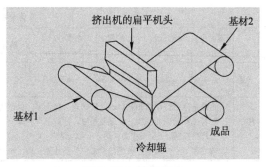

图 3-19　挤出复合

BOPP 印刷膜　/　1C7A　/　LDPE 薄膜

　　基材 1　　　　挤出树脂　　　基材 2

② 方便面包装袋可以通过挤出涂覆工艺生产，结构如下：

BOPP 印刷膜　/　LDPE（或 PP）

　　基材　　　　　挤出树脂

挤出复合目前主要有两种方式，即单联式和串联式。单联式挤出复合由一台挤出机和复合装置组成，可生产 2~3 层的复合薄膜。串联式挤出复合由 2~3 台挤出机和复合装置组成，可生产 3~7 层的复合薄膜。挤出复合的工艺流程如图 3-20 和图 3-21 所示。

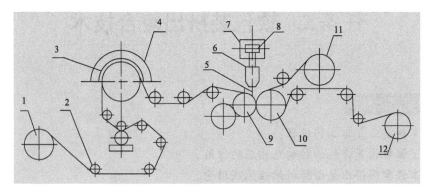

图 3-20　单联式挤出复合工艺示意图

1-第一放卷；2-导辊；3-鼓形辊；4-烘箱；5-气隙；6-T 型模头；7-挤出机；
8-塑模板；9-压力辊；10-冷却辊；11-第二放卷；12-收卷

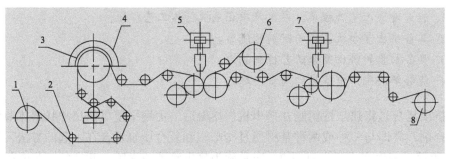

图 3-21　串联式挤出复合工艺示意图

1-第一放卷；2-导辊；3-鼓形辊；4-烘箱；5、7-挤出机；6-第二放卷；8-收卷

挤出复合和挤出涂覆工艺适合多种基材的复合，除了其中一种必须是热塑性塑料（或热熔胶）外，另一基材可以是金属箔，也可以是纸、织物、无纺布、镀铝薄膜及塑料薄膜等。其中，作为黏合剂的热塑性塑料不单纯是把两种基材黏合在一起，它本身也作为复合结构中的一层，能够有效提高复合材料的性能。利用挤出复合/涂覆工艺生产的制品卫生性好，溶剂残留量问题、环境污染问题等都比干式复合小得多，可用作食品包装袋、礼品袋、水泥袋、化肥袋、饲料袋、面粉袋、大米袋、食糖袋、集装袋等。

近年来，随着树脂材料和挤出复合黏合剂 AC（Anchor Coating）剂的发展，挤出复合产品也进一步深化，从一般用途到水煮产品都可以通过挤出复合来实现。

一、认识挤出复合机结构

挤出复合机组主要由塑料挤出机、T 型模头、复合部分、放卷和收卷部分、切边装置及传动装置、张力自动控制器、放卷纠偏装置等组成，挤出复合机组结构如图 3-22 所示。为了提高复合材料的复合牢度，挤出复合机组与干式复合一样，还包含预处理部分、涂胶部分以及其他后处理设备。

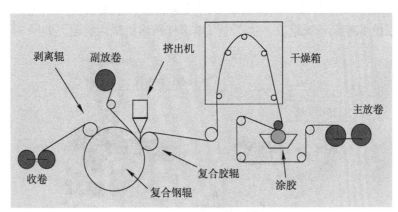

图 3-22　挤出复合机组结构

（一）放卷部分

放卷部分由放卷张力控制系统、接料装置、纠偏装置等组成，与干式复合基本相似，此处不作详细阐述。如图 3-23 所示，在基材放卷过程中，放卷张力控制系统中的摩擦皮带或电磁粉制动器能够调节基材表面张力以保持恒定。基材的换卷可以采用手动及自动两种模式，在自动模式下，接料装置能够实现不停机不减速换卷接料。一般经济

图 3-23　挤出复合机放卷装置

型的复合机采用手轮调节放卷装置机架来调节基材的横向位置，目前广泛采用 EPC 纠偏装置来控制基材横向位置。

（二）预处理部分

挤出复合机的预处理部分主要包括完成基材表面净化处理、电晕处理和静电处理的相关装置。尤其是挤出涂覆工艺，通常需要将塑料基材进行电晕处理，以提高熔体薄膜在压力辊的作用下渗透入基材表面的微孔中或起毛的基材间隙中的能力，增强涂覆膜层与基材的黏合牢度。

（三）AC 涂布及干燥装置

为了提高复合牢度，常要在第一放卷基材的表面涂布 AC 剂或黏合剂，然后将胶层干燥。挤出复合的涂胶装置一般是由涂胶钢辊及压印胶辊组成，常用的是光辊上胶方式。上胶量由涂胶压力的大小来控制：涂胶压力大则上胶量小，涂胶压力小则上胶量大。挤出复合的上胶量一般应控制在 $0.3{\sim}0.5 \ g/m^2$。

在涂胶工序完成以后需要通过对涂胶薄膜进行干燥，使黏合剂层中的溶剂在一定温度一定风量的条件下挥发出去。为了保证溶剂的完全除去，同时避免薄膜的变形，干燥温度一般控制在 70~85℃。

（四）挤出机

挤出机是挤出复合或挤出涂覆设备的关键装置，主要由挤压系统、传动系统、加热冷却系统和控制系统组成。生产中以单螺杆挤出机最为普遍，如图 3-24 所示。

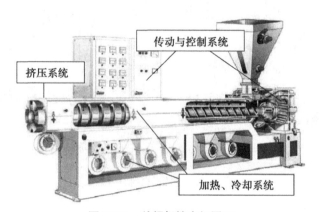

图 3-24　单螺杆挤出机图示

1. 挤压系统

由螺杆和机筒组成，物料在挤压系统中被塑化成均匀熔体，并在螺杆的推压作用下，向前运动，被压实、挤出。

（1）螺杆

挤出机的主要功能是通过螺杆来获得的，螺杆的直径尺寸代表挤出机的规格。其结构形式示意图如图 3-25 所示。

按照螺杆工作转动时的功能作用，将螺纹

图 3-25　螺杆结构示意图

部分分为加料段、塑化段（压缩段）和均化段（计量段），如图3-26所示。加料段接受料斗供料，随着螺杆的转动把塑料输送给塑化段，塑料在此段是未塑化的固态。塑化段的温度逐渐升高，从加料段输送来的塑料经挤压、搅拌、剪切、摩擦，逐渐变为熔融态。均化段将塑化段输送来的熔融料进一步塑化均匀，然后随着螺杆的转动等量、等压、均匀地从机头挤出。

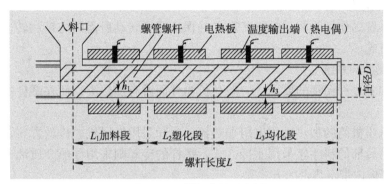

图 3-26 螺杆分区示意图

螺杆直径 D 是指螺杆螺纹部分的外圆直径，挤出机的生产能力接近于与螺杆直径 D 的平方成正比。挤出复合用的挤出机螺杆直径一般在45~200mm之间，目前以90mm的最为普遍，直径为200mm的主要用于3m以上宽幅材料的涂覆。螺杆的长径比 L/D（指螺杆的螺纹部分长度与直径的比值）一般为25~30，要求有足够的强度，螺杆压缩比（螺杆的进料段第一螺纹槽容积与均化段最后一个螺纹槽容积的比值）为3.5~4，计量段长度为全长的1/3。常用于挤出复合的挤出机，直径为90mm，长径比为25，压缩比为3.85，挤出量约为150kg/h。

（2）机筒

机筒与螺杆配合工作，机筒包容螺杆，螺杆在机筒内转动。机筒的结构比较简单，如图3-27所示。

图 3-27 机筒

图 3-28 过滤网（彩图效果见彩图15）

（3）过滤网

过滤网安装在螺杆前端（挤出机前端），如图3-28所示，用以滤去聚合物中的杂质，如灰尘、炭化物、凝聚粒子等。有时采用增加、减少过滤网层数的方法起到调节机头压力的作用，从而获得不同的混合程度和成型效果。如果滤网被堵塞，机头压力将大大增加，会出现对机头供料不足和损坏连接处元件、发生操作故障等问题。典型的滤网是成组搭配使用的，较粗的（目数较低）贴近螺杆一侧，再依次放目数升高的滤网，最后再衬垫一层目数较低的滤网，一般设置的结构为80/100/120/80、80/100/120/180/80等。

2. 传动系统

传动系统的作用为驱动螺杆传动，并保证螺杆转动所需的力矩和转速，由减速箱和电机组成。

3. 加热冷却系统

保证加工过程温度的要求，一般在机筒外面设有加热圈，而在螺杆的尾部设有冷却装置。

挤出机中机筒的加热采用电阻加热器，冷却采用鼓风机风冷的方式。位于料斗下方，料筒后部的料斗座采用水冷方式。螺杆的冷却则采用导热介质油通过旋转接头通入螺杆体内带走热量的方式。

4. 主机控制系统

控制螺杆转速，以及料筒、螺杆、机头温度。

为了保护复合用硅橡胶辊、方便清理调换螺杆和机头而不损坏复合装置，需要将挤出机安装于能够在导轨上前后移动的活动机座上。为了调节模唇与复合辊之间的距离，机座上还需要有上下升降的机构。

（五）模头（机头）

挤出复合通常采用直歧管T型模头，如图3-29所示。它是由一根直径相等的歧管（储料分配管）和定型的狭缝模唇组成，其

图3-29 T型模头（彩图效果见彩图16）

截面结构如图3-30所示。直歧管T型模头适用于热稳定性和流动性较好的PE、PP等的挤复，不适合挤出高黏性易分解的材料。

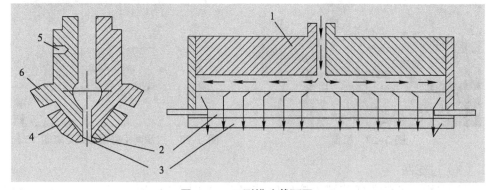

图3-30 T型模头截面图

1 – T型模头；2 – 调幅杆通道；3 – 模唇口；4 – 模唇；5 – 热电偶插孔；6 – 调节螺栓

模唇间隙（开度）决定挤出薄膜的厚度或挤出涂覆量，通过调节螺栓调节。模唇间隙值一般设在 0.6~0.7mm 之间，此时薄膜横向厚度较均匀。模唇宽度即挤出或涂覆薄膜的宽度，通常受到挤出机直径或挤出量的限制。挤出机直径越大，挤出量越大，模唇宽度也越大，一般宽度为 600~1500mm。生产中挤出薄膜的宽度可以用图 3-31 所示的插入金属棒（调幅杆）的方式来调节。

图 3-31　调幅杆和阻流块（彩图效果见彩图 17）

（六）复合部分

复合部分主要由冷却辊、橡胶压力辊、支撑辊、剥离辊、修边装置等组成，它们是影响复合质量的重要部件，如图 3-32 所示。

图 3-32　复合部分示意图（彩图效果见彩图 18）

1. 冷却辊

冷却辊的冷却效果和表面状态对复合膜的质量指标及剥离性影响较大。

冷却辊采用表面镀铬的钢辊筒，其作用是带走熔体薄膜的热量，同时通过胶辊完成对复合材料的加压和定型。为了提高冷却效果和保证冷却的均匀性，冷却辊的内部设有双层夹套螺旋式冷却流道，内层通冷却水的部分与外层不接触。冷却辊的表面状态有三种：镜面（光亮面）、半镜面（细目面）和磨砂面。镜面辊复合的薄膜透明度高、有光泽，适于 PP 等透明度较高的热熔树脂的复合。缺点是使熔融树脂在辊面的流动阻塞性降低，易产生薄膜纵向厚度的不均匀，同时造成薄膜对冷却辊的剥离性差，产生粘辊现象。半镜面辊复合的薄膜透明度及光泽度较镜面辊差，但是对熔融树脂的阻塞性好，薄膜纵向厚度均匀，且易从辊面剥离。PE、EVA 的挤出涂覆常用细目面的冷却辊，如果使用镜面辊会有粘辊和薄膜发黏的现象产生。磨砂面辊表面的粗糙度高，剥离性极好，一般用于纸类、无纺布类复合涂布，其透明基材的挤出涂覆产品具有均匀的亚光效果。

将冷却辊表面压出或刻出图案，还可以生产出表面呈现花纹的复合膜制品。

2. 硅橡胶压力辊

硅橡胶压力辊是在钢辊外面包覆 20~25mm 厚的硅橡胶制成的，其作用是将基材和熔体薄膜以一定的压力压向冷却辊，使两者压紧黏合、冷却、固化成型。

机头、冷却辊、压力辊三者的位置对复合材料的复合牢度有很大影响，如图 3-33 所示。图 3-33（a）显示从机头挤出的熔体薄膜先与橡胶压辊接触，热量损失少，最有利于保证复合牢度；而图 3-33（c）中熔体薄膜先与冷却辊接触，未接触到基材前可能已经过于冷却，导致复合牢度下降。但是熔体薄膜也不能距离冷却辊太远，否则会出现膜延伸或基材烫伤的情况，如耐热性较差的 BOPP 或亚光 BOPP 涂覆。

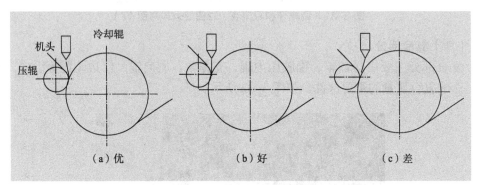

图 3-33　机头、冷却辊、压力辊的相对位置与复合牢度的关系

3. 支撑辊

支撑辊是与硅橡胶压力辊在工作时平行贴紧的金属辊，具有加压并冷却压辊的功能。

4. 修边装置

挤出薄膜因"缩颈"薄膜宽度小于机头宽度而出现薄膜两侧较中央的厚度大的情况，如图 3-34 所示。因此，需要将复合材料两边厚的部分修切掉，否则会产生收卷不平整，复合材料皱褶、边缘破裂等质量问题。常用的修边装置有 4 种，其中刀片式切割用于薄膜生产和纸基复合；剪刀式用于厚纸板复合；划线刀式用于一般复合材料，如图 3-35 所示；剃刀式用于塑料片的复合。修边的废料用鼓风机吹走、回收。

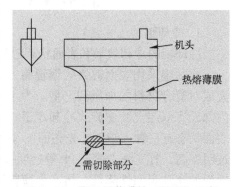

图 3-34　聚乙烯薄膜的"缩颈"现象

图 3-35 修边装置示意图（彩图效果见彩图 19）

（七）喷粉装置

为防止和解决挤出复合膜发黏、发涩，出现制袋困难，客户使用牵引不顺或袋子开口性不良等问题，需要对复合膜进行喷粉。喷粉前要对复合膜做消除静电处理，以使喷粉均匀，同时要注意喷粉量的控制。生产中使用的喷粉器如图 3-36 所示。

图 3-36 喷粉器（彩图效果见彩图 20）

（八）收卷部分

收卷部分由收卷架、张力控制系统、接料装置、牵引装置、传动系统等组成。收卷的管芯位置要根据复合膜的宽度而定，以免出现收卷不齐及管芯过多漏出的情况。收卷张力及锥度的设定是收卷的关键，张力设置过大很可能造成复合膜的拉伸形变，而合理的设置收卷锥度可大大改善复合膜的收卷效果。锥度的设定能够起到使膜卷的收卷张力随着膜卷的收卷直径增大而逐渐降低的作用。

二、挤出复合材料的选用

（一）基材

作为包装用复合材料的基材，其主要作用是耐热、耐寒、阻氧、阻湿以及充当保护层。最常见的基材有 BOPP、BOPA、PET、KOP、KPET 以及铝箔、纸等。

在挤出复合中，如果基材和挤出树脂是同一种聚烯烃，就不需要涂布黏合剂。例如以 BOPP 或 CPP 为基材挤出 PP 树脂，即使没有黏合剂也能够达到较高的剥离强度。但是不同类型的材料挤出复合时，例如在 BOPP、PET 薄膜上挤出 LDPE，一般需要涂布黏合剂。

（二）AC 剂

AC 剂为 Anchor Coating 的缩写，是将涂覆或复合加工薄膜与熔融聚乙烯等树脂黏合的一种"中介"底胶。

AC 剂的种类和牌号较多，常用的有四大类。

1. 钛系

优点：使用范围广，无须熟化，无粘连性（因为它不是高分子树脂做成的黏合剂），初黏力好。缺点：不耐水，加水易分解，活化期短，黏合促进效果低；废液处理困难，溶剂挥发性高，易燃。

2. 聚乙烯亚酰胺系

优点：具有水溶性，使用便利（用水和乙醇的稀释液作溶剂），价格低廉，无溶剂残留量的问题，危险性小。缺点：耐湿性、耐水性、涂布性差，干燥困难，不适宜带水食品的包装。

3. 异氰酸酯系

优点：活化期长，具有耐湿性、耐水性、耐高温性和耐油性。缺点：初黏力小，溶剂挥发性高，有较大毒性，易燃，成本相对较高。采用异氰酸酯系 AC 剂在复合后必须进行熟化，熟化条件一般是 30~40℃，24~28h。

4. 双组分聚氨酯黏合剂

根据所采用的黏合剂不同，分为聚醚型和聚酯型。聚醚型用于钛系不可能使用的蒸煮型复合膜上，耐水性优良，在水中经一定时间不发生劣化，初黏力较低。同聚醚型相比，聚酯型可提高涂覆量，从而提高黏结力。一般包装产品用聚醚型较合适，当复合材料的强度要求高时，采用聚酯型黏合剂。

各种 AC 剂的用法和用途可参照表 3-4。

表 3-4　各种 AC 剂的用法和用途

用法（对基材的适应性）涂覆量（干燥质量）/（g/m²） 溶剂 AC 剂	钛　系	聚乙烯亚酰胺系	异氰酸酯系
溶剂	有机溶剂	水/酒精	有机溶剂
薄膜种类 涂覆量（干燥质量）/（g/m²）	0.1~0.2	0.01~0.02	0.2~1.0
普通玻璃纸（PT）	○	○	○
防潮玻璃纸（MST）	○	×	△
聚丙烯类（OPP）	○	○	○
聚酯（PET）	○	○	○
尼龙（NY）	○	○	○
铝箔（Al）	○	○	○

注：○—好；△—较好；×—差。

（三）热熔性黏合树脂

1. 低密度聚乙烯（LDPE）

挤出复合用的聚乙烯一般是低密度聚乙烯，密度为 0.92~0.93g/cm³，符合食品卫生的要求。由于 LDPE 具有良好的化学稳定性和加工性，所以它是挤出复合首选的黏结层树脂。

由于不同牌号的 LDPE 树脂之间的加工性存在较大的差别，所以在选择挤出树脂时首先要了解树脂的熔体流动速率（熔体指数）范围。熔体流动速率（MFR）是用熔体流动速率仪，加入被测的塑料，在 190℃和 2.16kg 重的负荷下，其熔体在 10min 内通过直径为 2.095mm 标准毛细管的质量值，以 g/10min 表示。熔体流动速率可用于判定热塑性塑料处于熔融状态时的流动性，熔体流动速率大，则表示流动性好；反之，熔体流动速率小，则表示流动性差。挤出复合用的聚乙烯的熔体流动速率一般在 5~8 为宜。MFR 在 12 左右的 LDPE 一般涂布在纸张和无纺布上，以增加其黏合强度。如果 LDPE 直接涂覆在铝箔上，则温度要提高近 20℃，但是由于温度较高，LDPE 会产生异味，影响到内装物，因此加工时最好采用乙烯 – 丙烯酸共聚物（EAA）、乙烯 – 甲基丙烯酸共聚物（EMAA）或牢靠（AE）等，这些树脂的加工温度较低，而且与铝箔的结合牢度较好。

例如，1C7A（通用级挤出涂覆用低密度聚乙烯专用树脂）性能如下：熔体流动速率（熔体指数）为 7.0g/10min；密度为 0.918g/cm³；熔胀比为 1.80。

1C7A 用于挤出涂覆时，推荐加工温度范围为 270~335℃，其适用于纸、纸板、BOPP、BOPET、BOPA、铝箔等基材的挤出涂覆后包装食品、液体、粉末、药品、农用物资、化学品等产品。

2. 线性低密度聚乙烯（LLDPE）

挤出复合用的线性低密度聚乙烯，密度为 0.915~0.935g/cm³。它具有低温韧性、高模量、耐弯曲性、抗刺穿性、抗撕裂性，被广泛应用于液体包装和重型包装。

例如，Dowlex3010（挤出涂覆级线性低密度聚乙烯专用树脂）性能如下：熔体流动速率（熔体指数）为 5.4g/10min；密度为 0.921g/cm³；熔点（DSC 法）为 119℃；拉伸断裂强度为 13.8MPa；断裂伸长率（纵 / 横）为 705%。

3. 茂金属聚乙烯（MLLDPE）

茂金属聚乙烯是密度在 0.865~0.940g/cm³ 的塑性体，可使薄膜具有高拉伸强度、高抗撕裂强度、高抗冲击强度和优异的光学性能，卫生性好，耐应力开裂性好，耐水煮、耐穿刺性好。MLLDPE 熔点低，热封强度高，热封温度低，一般在 90℃左右便开始能够热封，比 LDPE、LLDPE 的封口温度要低 10~15℃，以其做内层的复合材料广泛用于冷冻、冷藏食品，洗发水，油、醋、酱油，洗涤剂等的高速自动包装。

由于 MLLDPE 的分子量分布窄，所以其加工性能比 LDPE 差，一般是采用 MLLDPE 与 LDPE 共混的方法来改善其加工性能，并降低成本，LDPE 与 MLLDPE 的混合比可在 20%~70%。市场上常见的 MLLDPE 有埃克森的 EX–CEED350D60、350D65，三井石化的 E-VOLVE SP0540、SP2520，菲利浦的 MPACT D143、D139 等。

4. 聚丙烯（PP）

聚丙烯树脂无毒、无味，化学稳定性好，耐酸、耐碱、耐油，有防潮功能，耐热性、机械强度比聚乙烯优异。BOPP 与 CPP 复合时，中间层可以挤出聚丙烯树脂，其优点是复合牢度好、透明度高、内装物清晰可见，而且不用涂黏合剂。

5. 乙烯 – 乙酸乙烯共聚物（EVA）

挤出复合中使用的 EVA，其乙酸乙烯（VA）的含量较低，一般在 10%~20%。

挤出复合中使用较多的是改性 EVA 树脂，如美国杜邦 APPEEL53007，日本东洋的 TOPCOL-3388 等。以改性 EVA 作为热封层的材料常用作酸奶、果冻、果酱、牛奶、冷饮、杯面等塑料杯上的易撕揭盖膜，而杯体的材料主要是PP、HDPE、PVC、PS、APET（非结晶聚酯）。一种易撕揭盖膜的外观及结构如图 3–37 和图3–38 所示。

图 3-37　果冻易撕揭盖膜

	PET
	LDPE
	改性EVA树脂

图 3-38　易撕揭盖膜结构

EVA 改性热熔树脂的挤出温度一般控制在 220~290℃（视具体种类而定），温度过高树脂会分解产生气味。改性 EVA 在挤出时薄膜缩颈较大，收卷后幅边会凸起，因此两端应各修边（切除）约 20mm 后收卷。

EVA 的脱辊性比 LDPE 要差，因此应尽量降低冷却水的温度（20℃以下）。由于温度低而在滚筒上有凝结的水珠，必须在运转之前清除干净，如果在滚筒上有水珠的情况下进行涂布，就会在面上留下水珠的痕迹而影响加工面的外观清洁。在挤出加工结束后，要把料斗中的 EVA 树脂完全置换成 LDPE 树脂（冲料时聚乙烯的加工温度应该设在相应的 EVA 的加工温度下，不要将温度升高到聚乙烯的加工温度），然后把调幅杆调到最大宽度，在低速运转条件下挤出树脂，直至挤出机模头接套中的 EVA 树脂完全被 LDPE 置换为止。

6. 乙烯 – 丙烯酸共聚物（EAA）

EAA 黏合树脂与 LDPE 一样易于加工，对应力开裂、撕裂、摩擦及刺穿都有较佳的抵抗力，对油、脂、酸、盐及其他化学产品有较佳的耐侵蚀力，对金属箔、尼龙、聚烯烃、纸、玻璃有优良的黏附力，起封温度比 LDPE 和 LLDPE 低。

EAA 中丙烯酸（AA）的含量越高，EAA 树脂与铝箔的结合牢度越好，并且热封温度也相应下降，但是与 PE 的结合牢度变差，所以在选择树脂牌号时要综合考虑。部分产品型号及用途如表 3–5 所示。

表 3-5　EAA 型号及用途

型　号	MI/（g/10min）	AA 含量	维卡软化点 /℃	推荐应用方向
陶氏 6100	2.5	6.5	80	肉类包装、牙膏软管等
埃克森美孚 5050	8	9	77	液体包装袋、食品包装袋
陶氏 3440	10	8	73	无纺布的涂层、黏合剂、包装袋

7. 沙林（Surlyn）

沙林是由乙烯－甲基丙烯酸共聚物（EMAA）部分与金属离子（Na^+ 或 Zn^{2+}）交联而制成的含有共价键和离子键的热塑性树脂。沙林树脂及其薄膜的主要性质是低温可热封性，优良的热黏合性，优异的光学特性，较高的强度和韧性，良好的耐热、耐油、耐溶剂性，起始热封温度低，热封温度范围广，与金属、纸及除聚丙烯外的其他热塑性树脂均有良好的黏结性。

综上所述，PE 通用性好，流动性好，一般熔融指数为 7 左右，适合高速生产；PP 一般用于同质材料，其比较容易缩颈；EVA 生产温度低，热封强度低，一般用于杯状果膜（易撕膜）；EAA 与金属材料黏结性好，但对温度敏感，薄膜均匀性差；沙林用于热封层，抗油抗异物性好，价格贵，摩擦系数差，尤其在热的情况下，经过导辊容易起皱。

 挤出树脂选用小技巧

1. LDPE 通用性好，80%~90% 的产品都可选用 LDPE 作为挤出粘接材料，其流动性好，一般选用熔融指数为 7 左右的树脂，加工温度根据产品的挤出厚度进行适当调节。

2. PP 容易结晶，有很好的透明性，一般用于同质材料，如 BOPP/CPP，但其比较容易缩颈，一般采用低挤出量减轻缩幅。

3. EVA 生产温度低，热封强度低，一般用于杯状果膜（易撕膜），但其脱辊性差，容易产生毛刺或严重时卷入冷却辊，需要降低冷却辊的表面温度。

4. EAA 与金属材料粘接性好，与金属铝箔复合不需要上 AC 胶，但对温度敏感，薄膜均匀性差。

5. 沙林用于热封层，抗油抗异物性好，价格贵，摩擦系数差，尤其在热的情况下，经过导辊容易起皱，需要喷粉。

三、挤出复合工艺控制

挤出复合工艺参数主要包括温度、复合压力、张力、速度、气隙和缩幅控制等，这些参数直接影响软包装复合材料的外观质量（平整性、透明性、光泽性）、复合牢度和机械性能等。

（一）温度控制

温度控制包括挤出温度和冷却温度两个方面，其中，挤出温度的设定主要由树脂本身的熔融塑化温度决定，如 LDPE 树脂的温度在 300~310℃，EVA 树脂的温度在 230~250℃，PP 树脂的温度在 270~290℃。挤出温度太高，塑料熔体易热降解或裂解，会产生异味，挤出产品脆硬，且收缩率大；挤出温度太低，熔融塑化不均匀，外观因出现晶点而使产品的透和光泽性变差，甚至会形成类似木材年轮纹或鱼眼状次品，使复合牢度降低。常见热塑性树脂的挤出温度设定如表 3-6 所示。一般进料段温度较低，压缩段与计量段温度相差小些，熔体温度比加工温度低 10℃ 左右，因为加热段温度有热损失。

T 型机头较宽，两端易散发热量，可将机头两端的温度设定提高 2~3℃。一般来说，在允许的挤出温度范围内，挤出温度越高，挤出复合层或涂覆层与基材间的黏合牢度越强。

冷却温度是指冷却辊表面的温度，实践发现将冷却辊的表面温度提高到一定程度时，可以实现提高复合牢度及柔韧性的效果，但升温过高时将出现复合产品透明度降低、卷曲及粘膜等不良现象。因此，冷却辊表面温度一般控制在 10~20℃，上限控制在 60℃ 左右。另外，冷却辊最好采用冷热水循环装置进行水温控制，即通过控制水温以及水量的大小控制冷却温度。

表 3-6　常用材料的挤出温度设定

树脂	机身温度 /℃						连接器温度 /℃	机头温度 /℃
	1	2	3	4	5	6		
LDPE	260~290	330~340	300~330	300~330	300~330	300~330	300~330	310~330
EVA	常温	130	210	210	230	230	230	230
EAA	140	220	260	280	280	280	280	280
EMAA	180	250	290	295	295	295	290	295

注：挤出机机筒的自动控制加热器的段数与 L/D 有关。

（二）复合压力控制

为了提高被粘薄膜与黏合剂之间的黏结强度，复合过程中要在薄膜黏结面的法线方向上施加压力。对于黏度较小的黏合剂，加压时往往使之过度地流淌，造成缺胶。为了避免这种现象，应当待其黏度上升到较大值时，再施加压力，所以挤出复合中被粘薄膜涂胶后有干燥过程。

在挤出复合中，要根据被粘薄膜、黏合剂的性能差异，选择不同的复合压力。一般复合压力为 0.2~0.3MPa。

（三）加工速度控制

加工速度控制主要是螺杆转速、牵引速度与挤出产品厚度及性能的匹配关系。螺杆转速高，牵引速度慢，薄膜厚度大；螺杆转速小，牵引速度快，薄膜厚度小。如果挤出量偏大，牵引速度过快，会造成薄膜的透明度下降，纵向取向增大。

当挤出机的挤出量和薄膜的宽度一定时，挤出薄膜的厚度可以通过涂覆的速度调整。关系式如下：

$$挤出薄膜厚度 = \frac{挤出量}{密度 \times 薄膜宽度 \times 涂覆速度}$$

挤出量主要通过螺杆的转速来调整，对于同一个螺杆，其每转的挤出量即螺杆的挤出效率是相对稳定的。生产中可以取高、中、低 3 个转速（如 100、60 和 30 转 / 分），称取每个转速在单位时间（如 1min）的挤出量，用挤出量除以对应的转速即为每转的挤出量。

上式转化成：

螺杆转速 × 每转的挤出量 = 密度 × 薄膜宽度 × 涂覆速度 × 挤出薄膜厚度

于是，对于某一具体产品，可以找出螺杆转速和涂覆速度之间的关系，通过机器联动，即螺杆转速和涂覆速度同步来控制挤出厚度的稳定性。

生产中的牵引速度需要控制在一个合理的范围内，速度过快，容易使薄膜产生纵向取向，影响薄膜的热封性能。而且速度过快，熔融的树脂没有得到充分的氧化，致使复合牢度降低。速度过慢，熔融树脂在空气中冷却时间过长，使复合牢度降低，薄膜透明度降低。

（四）气隙控制

气隙是指从模唇到熔体薄膜与冷却辊、压力辊相切的切点的距离。气隙小，熔融树脂在空气中滞留时间短，热量损失小，在接触点薄膜温度高，复合牢度好；而气隙过大，熔融树脂在空气中滞留时间长，热量损失大，在接触点薄膜温度低，复合牢度差。但挤出复合时要利用气隙对树脂进行氧化，在气隙段，熔融的树脂与空气中的氧气发生了氧化反应，产生极性基团，因此与基材的黏结强度提高。氧化程度与树脂在气隙段滞留的时间有关，气隙过小，挤出的薄膜冷却固化前与空气接触时间短，不能充分氧化，影响了表面极性分子的产生，减弱了其与基材的亲和力，也会影响复合牢度。一般较优的气隙值控制在 70~120mm 之间，但生产中不建议随意调动气隙距离。

（五）缩幅（也称缩颈）控制

缩幅包括两种情况，一种是加工温度偏低，特别是口模两端的温度偏低，熔体流动性差，表现为两端流延不畅，熔体薄膜容易破裂。另一种是正常的加工温度下的缩幅，表现为出料顺畅，只是复合薄膜端边增厚。

缩幅与挤出树脂本身的性质有关，熔体指数越大，密度越大，缩幅越大。第一种情况的缩幅，挤出温度越低，缩幅越大，复合薄膜两端可能出现间断无料、漏复现象，牵引速度越高，缩幅越大。第二种情况的缩幅，挤出温度越高，缩幅越大，并且薄膜两端厚度越难控制，牵引速度越高，缩幅越小。

调节阻流块和调幅棒的相对位置可以控制挤出复合薄膜边部的变厚或变薄。

（六）机头幅宽

机头幅宽由制品的宽度决定。机头幅宽主要由调幅杆调节，主要调节出料的宽度和出料的均匀性，为了达到平直均匀的料流，需要把阻流块、调幅杆调节到逐渐张开的状态。

如果两边出料量大，需要把阻流棒及调幅杆往中间调；如果中间出料大，则应作相反调节。

（七）挤出薄膜的热封性能控制

挤出复合的下一道工序就是材料的热封成型，为了保证材料要有良好的热封性能，所以挤出复合加工过程中要特别注意对产品的热封性能进行控制。一般情况下，高熔体指数、低密度的树脂热封性能好。同时，加工过程中树脂的氧化度对热封性能影响比较大，所以在生产过程中，应适当控制树脂的氧化度，避免因树脂表面氧化过度，引起复合产品的热封性能下降。

四、挤出复合质量问题及解决方法

（一）黏合不牢

黏合不牢也称剥离强度不好，如图 3-39 所示。

1. 树脂不符合要求

① 树脂熔体指数（MI）偏低，融合性较差，不能与被涂布基材很好地黏合，应更换具有适当熔体指数的树脂。

② 树脂中的助剂（特别是润滑剂）对挤出复合膜的剥离强度产生影响，应更换树脂，在挤出复合工艺中应当选用不含或少含润滑剂的挤出涂覆级 LDPE 树脂。

图 3-39　黏合不牢

2. 基材不符合要求

① 检查塑料薄膜的表面处理程度是否充分，其表面张力应大于 38mN/m。否则应更换涂布基材或者把基材重新进行电晕处理，保证其表面张力达到 40mN/m 以上，而且表面张力应当均匀、一致。因为生产中一般要求聚乙烯薄膜的表面张力控制在 38mN/m 以上，如果能够达到 40mN/m 以上更佳。

② 基材表面不清洁，黏附了灰尘、油污等污物，应确保基材表面清洁。

③ 铝箔（尤其是硬质铝箔）应考虑被污染问题对黏结强度造成的不良影响。

④ 塑料添加剂迁移到表面，应选择添加剂含量低的材料。

⑤ 油墨的适应性不好，表现为油墨与 AC 剂不匹配，AC 剂被油墨吸收掉一部分，基材与油墨间的附着力小，应选择合适的油墨。

3. 树脂表面氧化不充分而导致黏结不良

① 适当增加气隙距离。

② 降低收卷速度。

③ 安装臭氧发生器，增加挤出树脂的氧化度。

4. 树脂与基材接触时的温度过低

① 根据实际生产情况来调整和控制挤出机各段的温度，保证树脂塑化混炼充

分。提高树脂温度，使树脂能够充分氧化，加热温度的设定要依据树脂种类及其熔体指数。

② 挤出机模口的位置不要过于靠近冷却辊侧，以防止熔体薄膜在接触到基材前过于冷却。

③ 通过烘箱对基材预热。

④ 调整和控制好生产速度，避免在挤出量一定的情况下，复合线速度过快导致的熔体薄膜温度下降，涂布基材上的热量减少的情况。

5. 加压辊的压力偏低

① 提高加压辊的压力。

② 检查加压辊是否倾斜，并进行调整，使之能够均匀地加压。

6. AC 剂对基材的湿润性不良

① 对基材进行表面处理，如采用电晕处理。

② 更换 AC 剂。

7. AC 剂干燥不足

① 降低复合线速度，同时还可以提高干燥温度和通风量。

② 降低收卷速度。

（二）复合薄膜厚度不均匀

复合薄膜厚薄不均匀的表现是指膜卷上有爆筋，使薄膜产生拉伸变形。因为涂覆层的厚度偏差具有累积效应，所以在复合收卷时或卷膜分切收卷后，随着公差的累积而在膜面表现出爆筋（凸起）现象。

影响涂覆层厚度的因素及解决或减轻爆筋现象产生的方法如下：

① 生产中选用的树脂的熔体指数太高，流动性太好。应使用适宜熔体指数的树脂。

② 模唇温度不均匀，局部偏高。应保证 T 型口模整个门幅宽度上的温度均匀一致，温度变化不能超过 ±2℃。

③ 模唇间隙不均匀。应定期检查，调节模唇间隙。

④ 阻流块、调幅杆的位置没有调整至最佳状态，边部厚度偏差较大。应根据出料情况，重新设定两者位置。

⑤ 加压辊的压力不均匀。应检查加压辊是否变形，调整两端压力一致。

（三）复合材料皱褶（图 3-40）

① 基材放卷不平行或位置歪斜。应调整基材位置。

② 容易受湿度影响的薄膜（尼龙、玻璃纸等）的吸湿变形。应注意保管，不要使薄膜吸湿，也可对基材进行预热干燥。

③ 挤出薄膜厚薄相差大。应调整模唇间隙。

④ 收卷张力设定不合理，引起收卷起皱。应重新设定收卷张力。

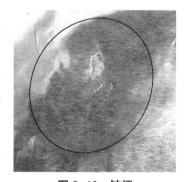

图 3-40 皱褶

⑤ 压辊与冷却辊轴线不平行。应重新调整轴线平行。

⑥ 复合部的钢辊或胶辊上粘有边料或异物，在复合薄膜上挤压出痕迹。应做好复合压辊的清洁。

（四）复合薄膜透明性差

① 冷却辊表面温度过高，冷却效果太差。应降低冷却辊的表面温度。

② 冷却辊表面的状态不佳，过于粗糙。对透明度要求高的产品应换用光洁度高的冷却辊。

③ 加压辊压力不足。应适当提高加压辊的压力。

④ 复合橡胶压力辊的表面状态如果过于粗糙，则应加以更换。而辊子表面附有异物，应立即加以清除。

⑤ 树脂混炼不足。应提高背压，降低冷却速度，提高树脂温度。

（五）薄膜的剥离性差，黏住冷却辊或压辊

① 冷却辊、压辊表面温度偏高，应降低冷却水温度。

② 挤出薄膜宽度大于基材宽度。应将调幅杆往里塞进一些，调节挤出薄膜宽度；或在压辊上包卷聚四氟乙烯垫片。

💬 思考题

1. 简述挤出复合的工艺流程。

2. 生产中常用的 AC 剂有哪些？请说明其特点。

3. 说明生产中如何控制挤出机的挤出温度。

💬 操作训练

1. 设定单螺杆挤出机工艺参数，按规程操作挤出机。

2. 参观塑料薄膜生产企业，结合企业挤出复合生产线情况，设计 BOPP/PE 复合膜的加工工艺参数。

3. 在利用挤出复合工艺生产一个结构为纸张 /PE/MPET/PE/PE 的产品时，发现 MPET/PE/PE 的层间剥离强度极差，请提出解决该问题的技术方案。

任务三　软包装无溶剂复合技术

📖 知识目标

1. 掌握无溶剂复合黏合剂的分类和性质。

2. 掌握无溶剂复合的工艺流程及工艺特点。

3. 掌握无溶剂复合工艺控制要点及常见质量问题产生的原因。

能力目标

1. 能够进行无溶剂复合张力控制。
2. 学会无溶剂复合上胶量的控制方法。
3. 能够分析无溶剂复合常见质量问题产生的原因。

一、认识无溶剂复合

（一）无溶剂复合工艺

无溶剂复合，广义上也是干式复合的一种，是采用 100% 固体的无溶剂型黏合剂，在无溶剂复合机上将两种基材复合在一起的方法，又称反应型复合。它是采用无溶剂型黏合剂涂布基材，直接将其与第二基材进行复合层黏合的一种复合方法。是一种典型的资源节约型、环保型复合软包装材料的生产工艺。

无溶剂复合的主要工序一般包括基材放卷、基材预处理、上胶、复合、冷却、收卷、熟化等过程。图 3-41 为无溶剂复合工艺的流程图。

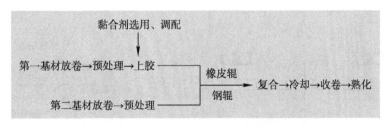

图 3-41 无溶剂复合工艺的流程图

（二）无溶剂复合设备

无溶剂复合用黏合剂不含溶剂，不能通过溶剂对黏合剂的黏度进行调节，因此无溶剂复合设备与干式复合设备有一些明显的差异，图 3-42 为无溶剂复合机结构示意图，主要表现在涂布装置带有升温、控温系统，这样可以通过控制温度来调节黏合剂的黏度，以保证涂布的正常进行；此外，在收卷装置中设有闭环张力控制器，

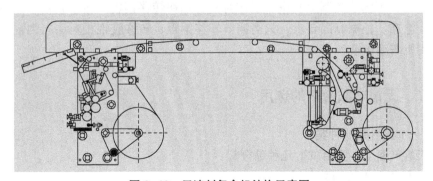

图 3-42 无溶剂复合机结构示意图

这是因为黏合剂初期黏合力较小，需要严格控制收卷张力，以防止复合薄膜生产过程中产生隧道效应等弊病，供胶装置有用于双组分黏合剂供料的高精度混合喷头，以及用于单组分黏合剂固化的增湿器等。

1. 无溶剂胶泵

将聚氨酯原料，依其性质与作用，分成二组，简称 A 组分和 B 组分。PG 高压机的计量输送系统，将 A、B 两组分原料，按照配方所确定的比例，准确稳定地输送到混合头，借助高压产生的速度，在混合头内相碰的瞬间，实行充分混合，胶泵的示意图如图 3-43 所示。

2. 无溶剂复合的涂布系统

无溶剂复合涂布系统采用多辊结构，利用间隙、速度和压力来控制涂胶量，对零部件加工安装精度、控制要求较高。国内无溶剂复合设备多采用五辊涂布系统，包括计量辊、转移钢辊、转移胶辊、涂布钢辊和涂布压辊，如图 3-44 所示。

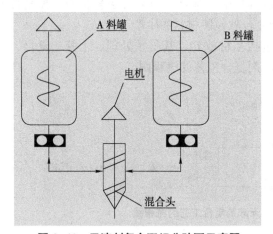

图 3-43 无溶剂复合双组分胶泵示意图

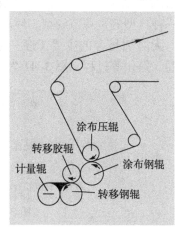

图 3-44 无溶剂复合机的五辊涂布系统示意图

其中计量辊固定不转动，其作用是对转移胶辊起刮胶作用，必要时用手转动此辊以便清洗而无须停机。胶水储存在计量辊和转移钢辊之间的精微调节的间隙中。转移胶辊、转移钢辊和涂布钢辊分别由单独伺服电机驱动，三者之间拥有一个合理的转速比，可调节控制上胶量。工作时黏合剂在转移钢辊、转移胶辊、涂布钢辊之间均匀涂布。根据制品要求，只需调节转移钢辊、转移胶辊相对涂布钢辊的速度即可得到所需涂布量。

二、无溶剂黏合剂的选用

（一）黏合剂的种类

无溶剂复合主要由以下几种黏合剂：

1. 单组分无溶剂黏合剂

单组分无溶剂黏合剂有聚酯型聚氨酯类和聚醚型聚氨酯类两种。端基均为异氰酸根，与环境中的潮气发生聚合反应，放出二氧化碳，达到固化的目的。单组分无溶剂黏合剂具有使用方便和适用期长的优点，但也存在以下各个不足之处：

① 固化速度慢，熟化时间长。

② 固化时产生的二氧化碳处理不当，容易使复合产品产生气泡。

③ 水分不足时，固化不充分，黏合强度不高。

④ 依靠基材表面及空气中的水分固化，上胶量受到限制，在 $2g/m^2$ 左右，导致其应用受到一定的限制。

例如，MOR–FREE B 57 无溶剂型单组分黏合剂适用于塑料薄膜 OPP/PE 以及铝箔与纸张、纸板的复合。

2. 双组分无溶剂黏合剂

双组分无溶剂黏合剂由端基为 –OH 的聚氨酯预聚体（主剂）和端基为 –NCO 的聚氨酯预聚体（固化剂）在少量水分催化的作用下，发生氨酯化反应。不会像单组分那样放出大量二氧化碳。

双组分无溶剂黏合剂中，有冷涂胶和热涂胶两种。冷涂型黏合剂分子量低，流动性好，可在较低温度下进行，但初始黏度低，需要较长的熟化时间；而热涂型黏合剂分子量大，常温下黏度相对较高，在涂布前需要进行预热 60~100℃。其优点是初黏合力大，复合之后熟化时间短，可以更快进入后加工工序。

例如，MOR–FREE 403LV/C–411 是一种可以满足中高端应用的聚氨酯黏合剂，具有良好的润湿性，特别适用于金属化薄膜的复合结构。该产品具有很快反应速度，可以满足快速分切的要求。适合巴氏消毒以及水煮袋应用，可满足多层复合结构的性能要求，典型的应用包括零食和干果类食品、袋装洗发水、油料袋、番茄酱和酱油的包装等。

3. 紫外固化黏合剂

紫外线固化黏合剂与紫外线固化油墨一样，在紫外线的照射下，黏合剂分子立即发生交联固化反应，产生极大的内聚力而将被粘物黏结牢固。目前产业化应用的紫外线固化单组分黏合剂主要是阳离子酸催化的环氧体系固化类产品，在紫外线的照射下，黏合剂中的路易斯酸光引发剂分解，引发环氧嵌段聚合，得到环氧树脂的三维交联结构。与普通聚氨酯黏合剂相比，其固化速度要快得多，复合后 1h 内即可达到很高的黏合强度。

例如，LSB–3300 是一种可用于 PMMA、PC、ABS、PVC、PS 等普通塑料黏结的紫外固化黏合剂，是在波长为 365nm 的紫外线照射进行固化的紫外线固化胶水，在 125W 以上的紫外线光源照射下可以瞬间固化，达到结构性黏结强度。

（二）无溶剂黏合剂的选用

黏合剂的选择对于无溶剂复合也尤为重要，选择黏合剂时需要考虑以下因素：

① 应考虑的是阻隔性能及相应的薄膜材料种类。对纸张基膜，因为其透气性，并自身含有一定的含水量，选用单组分黏合剂就比较合适，阻隔性好的薄膜就需要选用双组分黏合剂。

② 印刷面是否与黏合剂接触，考虑相容性，若两者相容性很好，油墨很容易被

剥离，如相容性不好，在生产过程中容易产生气泡，有的时候还会出现表观并没有异常现象，但剥离强度很差，因此强烈建议先做试产。

③ 考虑复合剥离强度，不同颜色的油墨会有不同的剥离强度，一般情况下白色最差，红色、黄色、蓝色较好。

④ 考虑热封条件，要考虑在后序加工或客户使用过程中热封温度，如热封温度很好，就不能选用冷涂胶的黏合剂，因为其耐热性不好，另外冷涂黏合剂为使黏合剂黏度下降，使用了低分子的多异氰酸酯，它会与 EVA、NY 的酰胺化合物作用生成不溶化合物而会使复合制品热封不良。

⑤ 考虑抗封性。这主要是由于 MDI 类型的异氰酸物通过内层薄膜迁移至内层表面与水汽反应形成聚脲抗热封层，影响包装袋的热封质量。这类问题往往是在聚乙烯薄膜质量不好或黏合剂选择不当时发生的（如 PE 膜含有高润滑剂、防雾剂、防静电剂、白色母料）。

⑥ 考虑是客户包装线上的易操作性，主要指包装材料的光滑性。聚乙烯复合后，其表面总要与黏合剂层发生物理作用，即爽滑剂迁移进黏合剂层。对于高爽滑剂含量的薄膜与某些黏合剂复合时黏合剂往往会消耗掉大量的爽滑剂，导致摩擦系数增大，影响了包装物在包装线上的滑移性。

三、无溶剂复合工艺控制要点

（一）张力控制

在无溶剂复合工艺中，张力控制极为重要，必须非常精确。张力控制包括主放卷张力、涂胶后薄膜张力、副放卷张力、收卷张力、收卷锥度几个方面。一般来说，放卷张力以副放卷张力为基准，增加主放卷张力，使之与副放卷张力匹配，让复合膜最终达到平直状态，在这前提下，放卷张力是以不发生纵、横向褶皱的最小张力。薄膜涂胶后的张力要略大于主放卷张力，用来牵引上胶后的薄膜，这样 4 号涂布钢辊不需要很大驱动电流。收卷张力略大于放卷张力，收卷张力需要承受复合膜的回缩应力，无溶剂型聚氨酯黏合剂分子量较小，初黏力低，在操作上易引起隧道效应，对收卷张力，原则上越大越好，但绝对不允许串卷。由于无溶剂复合膜初黏力一般只有 0.2N/15mm 左右，收卷锥度控制在 20% 以内为好，随着卷径的增大，张力递减程度比干式复合要慢。针对不同材质的薄膜，复合过程中各部分张力大小也有所不同，甚至同一材质的薄膜，根据复合结构不一样，其张力也有很大的不同。如 PET/PE 结构中，因为 PE 容易拉伸，其张力大致在 3~5N，而 PET 要与 PE 的收缩应力抗衡，其张力要比较大，大致在 20N；同样是 PET 薄膜，在 PET/ 纸的复合结构中，由于纸的拉伸性比较好，因此 PET 只要求最小张力就可以了，一般 5N 左右即可。

检查张力是否合适的方法：在复合过程中停机，在收卷处用刀片在复合膜上划一个十字口，最理想的状态是划口后复合膜仍保持平整。如果复合薄膜朝某一方向卷曲，则说明该层薄膜的张力过大，应适当降低该层薄膜的张力或增大另一层薄膜的张力。

检查张力是否匹配小技巧

在复合过程中停机，在收卷处用刀片在复合膜上划一个十字口，最理想的状态是划口后复合膜仍保持平整。如果复合薄膜朝某一方向卷曲，则说明该层薄膜的张力过大，应适当降低该层薄膜的张力或增大另一层薄膜的张力。

（二）涂胶量的控制

涂胶量也是影响复合产品质量的关键因素。上胶量主要由计量辊之间的间隙决定，然后通过辊之间的速度差进行微调。

1. 计量辊间隙的调整

开机前，首先要在静止状态下、温度已达到设定值并稳定时调节两根计量辊（钢辊）之间的距离，左右两边的距离应保持一致，以确保涂胶均匀，并保证钢辊光洁度，用 0.1mm、0.15mm、0.2mm 厚的塞尺进行调整。

2. 涂胶量的调节

涂布量的大小的调节是根据转移钢辊、转移胶辊和涂布钢辊之间速比变化和温度的稳定性来调节的，它们分别使用单个直流电机控制。

涂布量改变，取决于转移钢辊和涂布钢辊之间的速比，可按照下面的公式计算各辊的速比：

$$i=q/q^0 \times i^0$$

式中　i——速比（指 2 号转移辊与 4 号涂布辊的速度比）；

　　　i^0——基准速比；

　　　q——所需涂布量；

　　　q^0——基准涂布量。

例：当机器速度为 300m/min 时，即涂布钢辊的速度为 300m/min 时，如调整转移钢辊的速度为 24m/min，则得到速比 1：12.5。采用这样的速比，则可以获得约 0.8g/m² 的涂布量。要获得 1.6g/m² 的涂布量，则转移钢辊的速度应当增加为 48m/min。

3. 胶液的温度控制

黏合剂的黏度不同也会影响上胶量，一般是黏度越高，上胶量越多。黏合剂的黏度控制在 1500~2000cP 才有较好的涂布性。单组分黏合剂要求加热辊的温度达 85~100℃，双组分无溶剂黏合剂，黏度相对较低，一般 40~60℃即可涂布，耐蒸煮的双组分无溶剂黏合剂一般要求加热到 70~80℃。

4. 上胶量要求

涂胶量的大小可根据产品要求而定，如表 3-7 所示，需要注意的是，由于不同种类的油墨所用的树脂和颜料不同，所以需要的涂胶量也不同。

表 3-7　无溶剂复合产品上胶量

产品结构与特性	涂布量 /（g/m²）
一般用途平滑光膜	0.8~1.0

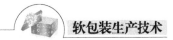

续表

产品结构与特性	涂布量/（g/m^2）
平滑性不好的膜 多色印刷油墨面大的膜 K 涂膜 VM 薄膜	1.2~1.4
蒸煮、煮沸、AI 类	1.2~1.4
纸塑复合产品	2.0~2.5

（三）收卷及熟化处理

为了防止靠近卷芯的薄膜发生严重皱褶，收卷时最好用直径为 6 英寸的纸芯。另外，复合膜卷的表面也存在收缩问题，可以在下机前用胶带将膜卷的左右两边和中间部位粘牢，可有效减少膜卷外部的浪费，提高了产品的利用率。

由于无溶剂黏合剂的初黏性差，而且在熟化过程中黏合剂仍然呈半流动态，所以复合膜收卷后要轻拿轻放，如有条件最好悬挂起来。单组分黏合剂的固化主要是端基的 –NCO 与水分的反应。生产和熟化环境为（25±5）℃，相对湿度为 50%~70%。在 20~30℃，相对湿度 > 60% 时，单组分黏合剂 2~3d 可作分切等后续加工，一般需 7d 完全熟化；双组分黏合剂的固化是靠 –NCO 与 –OH 基团的反应。在 20~30℃，双组分 2~4d 固化完成，部分品种需 7d。

（四）计量泵的保养

使用双组分黏合剂时，计量泵是非常关键的部件，必须要保证计量泵运转良好。进入计量泵的压缩空气要保持无油无水状态，必要时还应加装除湿装置，过滤器里的干燥剂（硅胶）必须保持干燥，由粉色变成蓝色时及时更换。如果压缩空气中含有水分会产生很大影响，一方面可能造成黏合剂表面张力的变化；另一方面会使胶泵堵塞，造成黏合剂配比错误，同时黏合剂也会在胶泵内固化，不易清理。

塑料静态混合器是混合头的下游装置，从混合头流出来的双组分黏合剂经静态混合器中的螺旋阶梯状组件完成混合作用，注入到两根计量辊形成的槽中，如图 3-45 所示。生产结束，把塑料静态混合器拆下并浸泡在乙酸乙酯中清洗干净。生产结束，把混合头用专用密封件密封，避免进入水汽或杂质。

图 3-45 静态混合器（彩图效果见彩图 21）

四、无溶剂复合质量问题及解决方法

（一）复合膜气泡（白斑）

复合膜出现气泡也称白斑，如图 3-46 所示。

1. 产生原因

① 基材表面不平滑、油墨颗粒粗，使胶液涂布不足。

② 固化中产生的二氧化碳在阻隔性较好的薄膜中无法逸出。

③ 基材表面润湿性差。

④ 转移辊附着异物或出现伤痕。

⑤ 油墨与黏合剂相容性差。

⑥ 薄膜进入复合辊的角度不良。

⑦ 复合膜冷却不足。

⑧ 车速过快，涂布效果不佳。

⑨ 混胶后停机时间过长。

⑩ 复合压力太低。

⑪ 计量辊温度太低。

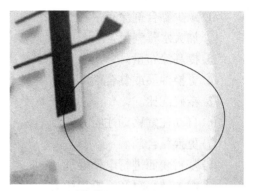

图 3-46 复合膜气泡（彩图效果见彩图 22）

2. 改善措施

① 选用优质材料或适当增加涂布量。

② 改用双组分黏合剂。

③ 提高基材的表面张力。

④ 清洁转移辊或更换。

⑤ 更换油墨或黏合剂。

⑥ 调节角度。

⑦ 降低冷却辊温度。

⑧ 降低车速。

⑨ 重新换胶。

⑩ 增加转移辊和涂胶辊压力。

⑪ 提高计量辊温度。

（二）黏结不良

1. 产生原因

① 黏合剂涂布过多，黏合剂内部固化缓慢。

② 在使用单组分黏合剂时，加湿水分不足。

③ 涂布量太少，对膜表面的浸润不完全。

④ 油墨与黏合剂相容性差，如使用了聚酰胺油墨。

⑤ 双组分黏合剂的配比不对。

⑥ 双组分黏合剂分离。

⑦ 黏合剂失效。

⑧ 胶液中混入大量的水分或乙酸乙酯。

⑨ 复合基材的表面能低。

⑩ 基材中的爽滑剂过多。

2. 改善措施

① 减少黏合剂涂布量。

② 加大水蒸气量。

③ 提高涂布量。

④ 更换油墨或黏合剂。

⑤ 精确配比。

⑥ 自动往复移动注胶方式。

⑦ 更换黏合剂。

⑧ 基材表面进行电晕处理。

⑨ 增加转移辊和涂胶辊压力。

⑩ 选用爽滑剂低的基材。

（三）收卷端面不齐

1. 产生原因

① 涂胶量太大。

② 从复合辊出来后膜卷的冷却效果差。

③ 张力不合适。

④ 收卷处挤压辊的平齐度差。

⑤ 薄膜左右两边的涂胶量相差太大，最好将差值控制在 0.2g 以内。

⑥ 纸芯与薄膜没对齐。

2. 改善措施

① 减少涂胶量。

② 改善冷却效果。

③ 确定合理控制张力。

④ 确保挤压辊的平齐度。

⑤ 确保上胶的均匀性。

⑥ 收卷前薄膜与纸芯对齐。

（四）橘皮状（图 3-47）

1. 产生原因

上胶量过大，产生严重的胶点。

2. 改善措施

减少计量辊的间隙或降低 2 号转移钢辊的速度。

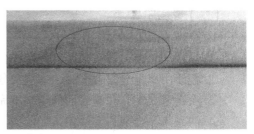

图 3-47　橘皮状（彩图效果见彩图 23）

（五）隧道效应

1. 产生原因

① 薄膜张力控制不当，因无溶剂黏合剂的初黏力小。

② 薄膜本身有松弛部分存在。

③ 收卷张力过小。

④ 收卷不齐整。

2. 改善措施

① 控制张力的匹配，并收卷时尽量收紧薄膜。

② 控制薄膜的厚度差在一定的数值内。

③ 保证收卷整齐，不串卷。

（六）类似刀线

1. 产生原因

① 单元各辊没有清理干净或转移辊的光滑性太差。

② 计量辊与转移钢辊间隙过小。

2. 改善措施

① 停机清理各涂布辊，或更换转移辊。

② 加大计量辊与转移钢辊间的间隙。

（七）主剂和固化剂的分离现象

1. 产生原因

比重不同，盛胶辊里主剂和固化剂在生产中会出现分离现象，特别是在两端更明显，极易出现胶不干质量问题。

2. 改善措施

① 采用自动往复移动注胶方式。

② 调低感应装置，降低液面。

③ 人工搅动胶液，特别是两端。

思考题

1. 请说明无溶剂复合与干式复合的区别与联系。

2. 简述无溶剂复合的工艺流程。

3. 无溶剂复合的工艺特点是什么？

4. 无溶剂复合中的涂布量如何控制？

5. 无溶剂复合的黏合剂一般有哪些，各自特点是什么？

操作训练

1. 根据黏合剂说明书的要求，正确配置双组分黏合剂。

2. 根据上胶量的要求，调节计量辊与转移钢辊间隙。

项目四
软包装分切与制袋

任务一 软包装分切

知识目标

1. 了解软包装分切的作用。
2. 认识软包装分切工艺过程。
3. 了解软包装分切设备的组成。

能力目标

1. 学会软包装分切工艺控制。
2. 学会软包装分切质量故障的解决。

一、认识软包装分切

（一）软包装分切工艺

分切工艺是将大规格的原膜，即印刷、复合后的膜卷通过切割加工成所需规格尺寸的工艺，如图4-1所示。分切是复合软包装生产中不可少的一道工序，随着自动化包装设备的应用越来越广，复合软包装材料以膜卷形式出厂的越来越多，并对分切质量、分切规格的要求越来越高。另一方面，复合的软包装材料本身日益多样化，既有强度高不易拉伸的材料，又有柔软、延伸率大的材料，还有易划丝、不耐摩擦的材料等，都对分切提出了更高的要求。

在复合软包装材料加工工艺中，分切起到的作用如下：

① 切边，切去上道工序生产中所需的工艺边料，以便于制袋或其他用途。

② 裁切，将宽边幅材料分切成各种窄规格的材料，以满足包装设备需要，满足包装规格要求。

③分卷，将大卷径的材料分成多卷小卷径材料，便于使用。

④复卷，使材料换方向、使不整齐的材料卷绕整齐或使小卷拼成大卷等。

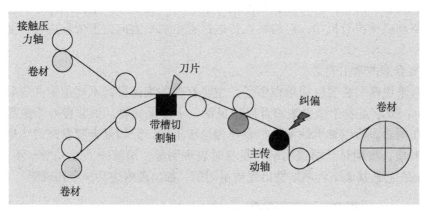

图4-1 分切工艺示意图

（二）软包装分切机结构

1. 复合膜放卷装置

复合膜放卷装置主要包括：穿料辊、卷芯堵头、滑动平台、纠偏仪等，如图4-2所示。

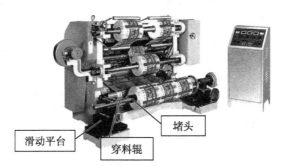

图4-2 软包装分切机放卷装置

（1）穿料辊

穿料辊的作用是承接要分切的复合料，一般用不锈钢实心制作，现在很多软包装分切复卷机、放卷也由原来的实心辊改造成气囊式。

（2）卷芯堵头

卷芯堵头的作用主要是对放卷基材进行稳固，使其能够平稳滑行，一般用在实心的穿料辊上，堵头要求清洁干净，否则放卷时产生左右摇晃，不利于分切。

（3）滑动平台

滑动平台的作用很大，不仅仅支撑穿料辊，而且随着纠偏的电眼跟踪、放卷膜左右摆动同样进行定位。所以滑动平台是放卷装置的核心部位，滑动平台要求灵活，若润滑部位不良，则放卷无法正常运行，产生很多质量问题，如被分切的膜边出现不平整带锯齿状。

（4）纠偏仪（EPC）

EPC 是分切纠偏控制的探测装置，它由光电传感器检测边缘位置或标志线位置，以拾取位置偏差信号，再将位置偏差信号进行逻辑运算，产生控制信号，用交流同步电机驱动机械执行机构，对物料在传送过程中水平方向位置偏移进行控制，如图 4-3 所示。

2. 复合膜的牵引装置

相对来说牵引装置就简单很多了，主要有数条滚筒进行不同位置的安装，如图 4-4 所示，要求是各个牵引滚筒可以很灵活，干净无异物。该装置各个滚筒由润滑轴承垫在两边，所以轴承缺油常常表现为运转不良。分切复合膜卷时产生摩擦、出现纵向滑痕，特别是分切透明结构复卷时表现明显。滚筒表面要光滑、不能带刺，否则产品在高速状态下将周期性出现质量问题，如出现痕迹甚至穿孔现象。

图 4-3　纠偏仪

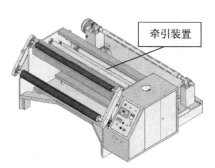

图 4-4　牵引装置

3. 分切装置

分切是分切机的主要功能，需根据原膜的特性，选择合适的分切方式。主要有平刀分切和圆刀分切两种方式。

（1）平刀分切

平刀分切就是像剃刀一样，将单面刀片或双面刀片固定在一个固定的刀架上，在材料运行过程中将刀落下，使刀将材料纵向切开，达到分切目的。平刀分切有两种方式：切槽分切和悬空分切，如图 4-5 和图 4-6 所示。切槽分切是材料运行在刀槽辊时，将切刀落在刀槽辊的槽中，将材料纵向切开，此时材料在刀槽辊有一定包角，不易发生漂移现象，但对刀比较不便。悬空分切是材料在经过两辊之间时，剃刀落下将材料纵向切

图 4-5　悬空分切

开，此时材料处于一种相对不稳定状态，因此分切精度比切模分切略差一点，但这种分切方式对刀方便，操作方便。平刀分切主要适合分切很薄的塑料膜和复合膜。

（2）圆刀分切

圆刀分切是材料和下圆盘刀有一定的包角，下圆盘刀落下，将材料切开，如图

4-7 所示，这种分切方式可以使材料不易发生漂移，分切精度高，但是调刀不是很方便，下圆盘刀安装时，必须将整轴拆下。圆刀分切适合分切比较厚的复合膜和纸张类。

图 4-6 切槽分切　　　　　　　图 4-7 圆刀分切

4. 残留膜边处理装置

经过分切后的边膜通过一根空心管，该管一直通到机械外 0.5m，利用风机或牵引装置，把膜边进行收集，如图 4-8 所示。

5. 收卷装置

把分切好的薄膜通过上下两个收卷装置进行收卷，如图 4-9 所示，一般有穿料辊和收卷压辊组成，收卷压力辊的作用是进一步使产品平整度变好，压力辊选择一般比实际复卷长 5cm。

 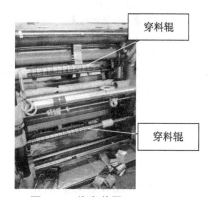

图 4-8 膜边处理装置　　　　　图 4-9 收卷装置

二、软包装分切工艺控制

（一）确定分切条件

根据阅读如图 4-10 所示的分切工艺单，确定分切条件。

1. 确定材料性能

对分切原膜应考虑其刚性强度、延伸性、平滑性、厚度等，以便针对性设定分切工艺参数，不同复合结构进行分切时，工艺参数设定不一样。例如：BOPET 的常

用产品厚度较薄且具有强度高、不易被拉伸等特点，较 BOPP、CPP、CPE 等易拉伸的薄膜的分切方法就有所不同。

分切工序工艺卡			
产品名称	**************		
订货厂家	************	膜卷长度 /m	600
产品结构	PET12//PE80	膜卷宽度 /mm	525 ± 0.5
出卷方向	尾先出	重复长度 /mm	中国：400 ± 0.5 澳洲：360 ± 0.5
卷 / 箱	1	端面平齐度 /mm	≤ 1
包装箱 mm	纸箱（QS）： 300mm×300mm×540mm	接头数	≤ 2 ≤ 1 个接头的 ≥ 60% = 2 个接头的 ≤ 40%
下刀位置	单光点，光点外 2mm 处下刀，偏差 ≤ ±0.5mm，保证不切到光点和印刷图案		
工艺要点	1. 接头用 30mm 宽的红胶带，在非印刷面单面对接，图案对齐，不能粘在光点部位，要夹条标志，接头处在非光点侧作出突出端面 3~5mm 的夹条标志； 2. 必须将各部位导辊清理干净，防止灰尘及划伤； 3. 在上卷、下卷、接头部位必须严格检查印刷质量及复合是否有两层皮现象； 4. 严格对照印刷标准样检查印刷色差； 5. 接头要求：籍外合格证右下角用黑油性笔标明"接头数"，若一箱中两卷接头数不同，当一卷为 1 个，另一卷为 2 个时，则"12"；若接头数相同则标明一个即可（整卷的管芯内不贴合格证）。★ 零头卷每卷膜头处用 50mm 宽绿色美纹纸居中粘贴，合格证上注明米数和接头数； 6. 客户要求收卷紧； 7. 材料代码：中国为 P13406，澳洲为 P11220； 8. 第一次改版要注明改版日期，用"LABEL 佳口"打印； 9. ★合格证上须添加材质结构（以生产订单为准）		
包装要求	箱内垫大块 PE 膜，箱外四周封黄胶带，打"11"字包扎带		

图 4-10 分切工艺单

2. 分切位置

分切位置是指分切切刀的下刀位置。任何分切机都有一定的分切偏差，为保证产品图案的完整性，在分切时必须充分考虑下刀位置，分切位置错误，会导致自动包装膜跟踪困难或图案缺陷。比如，一般的产品设计都有光标，通常是 5mm×10mm 或 4mm×8mm，而分切位置一般是沿光标分切或一分为二，但是，往往有些设计是相邻图案的色相相差很大或因自动包装要求，某些背封线上有文字，必须充分保证文字的位置，所以在分切时就必须考虑位置的偏向，不能完全按正常情况进行，需依据具体情况而进行详细、明确的规定。所以在产品设计及制作分切作业文件时，必须将分切位置要求严谨、明确地表达清楚。

3. 分切方向

分切方向是指自动包装成品卷或制袋产品半成品卷的开卷方向。分切方向的正确与否直接影响自动包装机的喷码位置及制袋产品封口位置或特殊形状切刀位置等方面，当然，方向错误可以通过自动包装机或制袋机调整而进行调整，但是，这将会极大降低自动包装或制袋速度，严重影响生产效率，所以，在与客户签定合同时，必须问清自动包装膜卷的开卷方向，对于制袋产品必须考虑封口位置及制袋机的工装要求，明确正确的分切方向，避免退货及二次复卷。

4. 接头方式

接头方式是指上下两片膜的搭接方式，一般有顺接及反接两种。接头方向接反，会造成自动包装机走膜不畅、卡膜、断料等，因而造成停机，严重影响生产效率，所以，必须根据客户包装机的要求，来确定正确的接头方式。这一点在与客户签定合同时必须提出来予以说明，往往客户自身并不清楚地了解包装要求，但作为包装厂家，必须为客户考虑全面。

5. 接头胶带颜色

胶带是指用于黏结薄膜的普通聚丙烯塑料胶带，为了便于自动包装识别及制袋识别并检出，通常使用与所生产产品底色对比度较大颜色的胶带，这一点一般客户没有特殊规定，但软包装厂必须明确一点，即同一厂家的同一种产品必须使用同种颜色胶带，不能多种多样，以便于管理和控制，防止混乱。从胶带使用上进行有效控制，可以充分避免接头产品流入市场或客户手中，带来不必要的麻烦。

6. 接头黏结方法

接头黏结一般采取图案或光标对接的方法，这样可以充分保证包装膜在走膜过程中不受接头影响，可以连续生产，而不会造成生产效率下降。自动包装成品卷黏结胶带两端不允许翻边，要求与膜宽对齐、粘牢；制袋半成品卷一般要求胶带一端翻边，以便于制袋时注意接头位置，严格控制接头袋混入成品袋中。

（二）分切刀的安装

分切装置主要参数有分切刀片的选择、分切刀的角度调整、分切尺寸的调整等。

1. 分切刀片的选择

分切刀片的选择根据分切复卷的结构和厚度进行，如果复合膜厚度在 70 μm 以下，建议选用双面刀片，70~130 μm 建议选用单面刀片，因为双面刀片比较柔软，适合薄材料分切，这样膜边平整性得到保证，同时也可以延长使用寿命。单面刀片较厚、刚性强，分切厚膜时不容易发生位移，保证产品质量，同时要求刀片韧口要锋利并且无缺口。

2. 分切刀的角度调整

刀片安装角度的调整很重要，建议角度在 45°，角度大，刀片韧口不能充分利用，角度过小，会导致分切不完整，产生毛边。需要注意的是安装刀片时速度要减到最慢，一般调试好后再进行正常速度操作。

3. 分切尺寸的调整

分切尺寸的调整则根据实际要求进行，最终满足客户的需要。一般分切膜边在0.5cm，太大说明复合厂家产生浪费，太少会给分切带来困难。

（三）纠偏仪的设置

设定光电纠偏时，应首先固定电眼焦距。具体做法是先将复合膜（最好是黑色膜）贴在滚筒上，让电眼长条形光投射在黑膜上，调整电眼与黑膜之间的距离（在28~33mm之间），重复数次电眼上前指示灯就会跟着有红光、绿光的变换，电眼位置应该停留在指示灯不亮处（约30mm处）。应该提醒操作者的是，电眼安装的角度和焦距会影响信号左右的平衡。在设定灵敏度时，如果上黑膜处有连续抖动现象，说明灵敏度优良适合分切的要求。相反灵敏度就弱，当纠偏速度不及主电机速度时，分切复合膜卷会出现质量故障，所以纠偏仪的调整常常在没有分切时进行。

（四）张力控制

张力设置是分切机中最重要的参数，分切本身就是一个退卷和重新卷取的过程，张力控制决定了分切产品的质量，张力控制应同时包括卷取压力和锥度。

分切的放卷张力是膜卷分切前的张力，对产品卷绕有很大的相关性。原则上，放卷、进料张力应设定在较低的范围内。如果放、进料张力太大，剩余应力大，会使薄膜卷绕太紧，退卷使用时就会松弛，同时还会使单元图案拉伸，影响下道工序生产或使用。

卷取张力由气轴隔片和摩擦轴环之间的摩擦力加以控制。对卷芯施加转矩，通过被卷膜层间的摩擦力在最外层膜产生张力。如果卷取转矩太大，层间发生滑移，会卷取太紧，严重时拉断薄膜，使纸芯变形。如果张力偏小，又使薄膜轴向跑偏，端面不齐。

卷取锥度的设定至关重要，如果锥度过大，膜卷的芯部较硬，外部较松弛；如果锥度过小，形成菊花状花纹，膜卷过紧。

膜卷的接触压力是通过接触压力辊施加的，以此控制卷到膜间的空气量。如果接触压力过大，卷进的空气量少，膜卷发硬。如果接触压力小，被卷进的空气量增大，膜卷松。如果卷取的速度快，被卷入的空气量也增加，此时要相应增大接触压力。

三、软包装分切质量问题及解决方法

分切质量的判别主要通过看、摸、敲来验证。看：分切复卷边是否平整、表面是否干净、是否有凸筋现象。摸：产品是否平整，手感应该是无毛刺等现象，产品不应该松紧不一。敲：产品当当响则说明收卷张力太大。

（一）纵向条纹

纵向条纹，即纵皱，如图4-11所示。

1. 产生原因

① 张力过大。

② 分切机导辊不平行。

③ 复合膜卷厚度误差大，在厚度较薄的部位容易发生纵皱。

④ 复合膜卷有较明显的皱纹。

⑤ 纸管弯曲。

2. 解决方法

① 一般情况下尽量在较低的张力下运转设备。

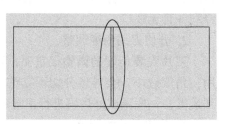

图4-11　纵皱

② 调整分切机的有关导辊。

③ 改进复合膜卷的质量。

④ 矫正纸管的弯曲，提高纸管的强度。

（二）产品表面有暴筋、凹凸不平或硬块、麻点

在膜卷表面形成的明显突起现象，如图 4-12 所示。

1. 产生原因

① 复合膜卷厚度误差大（这种故障往往出现在较厚的部位，张力和接触压力被集中在较厚部分）。接触压力大。

② 收卷太紧。

③ 切刀不锋利，粉尘落入膜内。

④ 环境卫生差，复合卷中混入异物或灰尘。

⑤ 复合膜卷静电大。

⑥ 纸管表面不平整。

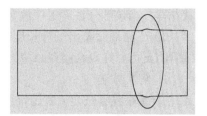

图 4-12　暴筋现象

2. 解决方法

① 降低张力和接触压力。

② 改进复合膜卷质量。

③ 改善操作环境。

④ 采取抗静电措施。

⑤ 更换纸管。

（三）产品端面出现错位

产品端面出现错位指端面收卷不齐，如图 4-13 所示。

1. 产生原因

① 收卷太松。

② 复合膜卷厚度误差较大。

③ 收卷出现翘边。

④ 复合膜卷表面摩擦系数小，出现横向滑动。

⑤ 分切速度太快。

⑥ 收卷轴和接触辊的平行度发生偏差。

⑦ 加速、减速过程太快。

2. 解决方法

① 调整张力、增加接触压力，限制空气的卷入量。

图 4-13　端面错位

② 改进复合膜卷质量。

③ 调整刀具或更换刀片。

④ 降低分切速度特别是分切易于滑动的材质时。

⑤ 缓慢减速或加速。

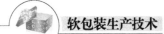

（四）产品端面中心部产生"菊花"状花样

产品端面中心部产生"菊花"状花样是指卷膜内部薄膜起皱，呈放射状的花样形状，如图4-14所示。

1. 产生原因

① 外层的收卷张力太高，收卷转矩比层间的摩擦传达力大，收卷的层间沿着收卷方向滑动，使中心部产生菊花状花样。当该部分在后工序放卷时便产生横向的皱褶。

② 产品端面超出纸管长度时，靠近中心的部位因没有纸管的支撑，在复合膜残余应力的作用下发生变形。

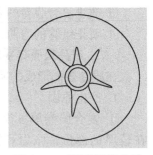

图4-14 "菊花"状花样

2. 解决方法

① 减小收卷张力，实施锥度张力控制，调整张力锥度。

② 使产品端面与纸管端面保持平齐。

（五）翘边

发生在薄膜收卷的边缘位置，是偏厚的薄膜边缘经收卷叠加使边缘部位翘起，如图4-15所示。

1. 产生原因

① 切刀不锋利或安装不当。

② 接触压力大。

③ 进给张力大。

④ 选用切刀类型不对。

⑤ 分切速度太快。

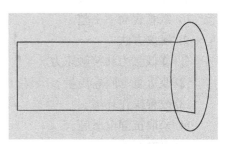

图4-15 翘边现象

2. 解决方法

① 更换刀具或检查刀具的安装状态。

② 降低接触压力。

③ 降低进给张力。

④ 根据材质类型选择合适的刀具。

⑤ 降低车速。

思考题

1. 如何确定分切刀的类型？

2. 分切与复卷有何区别？

操作训练

1. 根据产品分切尺寸，安装分切刀。

2. 根据产品，设置纠编仪的灵敏度。

3. 根据工艺单的要求进行接膜。

任务二 软包装制袋

知识目标

1. 认识不同的袋型。
2. 理解制袋要素，学会针对不同产品设置相应的温度、压力和时间。
3. 了解制袋机的每部分结构及相应的作用。

能力目标

1. 学会看工艺单，并能准备好相应的工装。
2. 学会制袋的工艺控制。
3. 学会制袋故障的解决。

复合软包装材料最终要制成各种包装袋才能使用。制袋有两种方式，一种是包装使用厂家采用卷膜在自动包装机上灌装，并成型包装成为各种包装袋；另外一种是由于制袋机制成各种包装袋后再装填内容物。由于专业制袋控制精确，袋型美观，制袋变化大，袋型多，因此，在相当多情况下，都先制成袋。袋的主要品种有：三边封袋（合掌封袋）、背封袋、折帮（风琴袋）、直立袋等，如图4-16所示。

（a）三边封袋

（b）背封袋

（c）风琴袋

（d）直立袋

图4-16　袋的类型

一、认识制袋设备与工艺

袋型不同，工艺略有差异。常见的三边封袋和背封袋工艺分别如图4-17和图4-18所示，两者除了放卷和袋成型结构不同外，其余的工艺原理相同。本项目以背封袋为例进行制袋工艺的介绍。

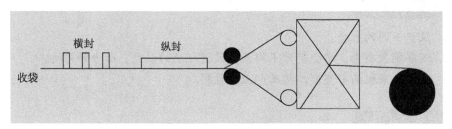

图4-17　三边封工艺示意图

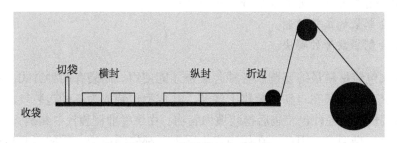

图4-18　背封袋工艺示意图

背封制袋机设备由薄膜放卷装置、EPC、成型装置、中间摆辊、合掌装置、背贴热封、底热封、柱热封及冷却装置、折叠装置、定张力装置、传感器、切断装置及动力控制袋装置构成。

（一）放卷部

放卷部主要由放料架、磁粉制动器、放卷摆辊、卷出辊和EPC装置等构成，如图4-19所示。

放料架通常为水平放料，便于操作，装卸方便。放料架上装有磁粉制动器，用卷出的放卷部摆辊位置及由旋转式编码器测出的薄膜速度来控制磁粉制动器扭矩，使卷筒卷出的薄膜张力保持一致。摆辊下降时制动器扭矩增强，薄膜速度加快时制动器扭矩增强。

在放卷摆辊部位，安装有气缸，向薄膜提供卷出张力。实际张力设定，根据制袋原膜来调整，一般情况下，张力在30~40N之间。

图4-19　放卷装置

边缘位置控制器装置（EPC）由控制箱、EPC电眼及控制电机组成。EPC控制薄膜走向有两种方式，一是线平衡式，通过检测印膜上的印刷线来控制薄膜的走向；另一种是边缘平衡式，通过检测薄膜边缘来控制。

EPC 电眼一般安装在距薄膜表面 3~5mm 位置，EPC 电眼位置一定要垂直于辊面，否则反射型 EPC 电眼接受反射光困难，容易受其他光线干扰而影响检测结果。选择检测部位时，应选择反差强的部位。当跟踪线或边缘颜色为红色和黑色时，EPC 电眼衬纸均为白色；当跟踪线或边缘颜色为白色，EPC 电眼衬纸为黑色。为使跟踪线或边缘颜色反差大，在承受辊上可包一层纸张，即 EPC 电眼衬纸。

（二）折帮装置

方式一：如图 4-20 所示，在放卷部采用折叠板折帮，放卷出来的薄膜经 EPC 控制后通过内、外折叠板进行折叠加工。内折叠板外侧尺寸为袋宽，内折叠板和外折叠板重合尺寸为折叠量。生产时内折叠板和外折叠板的位置必须在设备的中心并左右对称。

方式二：采用箱折叠板折帮，如图 4-21 所示。对稳定性要求高时用箱折叠，对折叠后易散开的薄膜采用箱折叠。折叠深度等于箱折叠的间隙。调整圆板的进出量来调整折叠量。

图 4-20　折叠板折帮

图 4-21　折箱板折帮

（三）成型装置

薄膜通过成型装置，即成型板及成型导辊、成型杆、压辊、圆锥辊、压板将薄膜折成袋形，是背封实现的关键装置。

成型杆使用折过的薄膜以松弛的方式在成型板折叠，当袋宽小于 100mm 时，可以不使用成型杆。各压辊的倾斜角度一般为 70℃ 左右。具体生产时，根据薄膜的性能、厚度等适当调整，通常成型时压辊角度小些膜会更稳定。

薄膜进入成型板时导辊宽度一定要比成型板宽 2~4mm，如果比成型板窄，薄膜会被拉伤，过宽时，则难以确定成型尺寸。

（四）二连摆辊

二连摆辊将使加热器及横加热器处的薄膜给进由间歇转为连续，也使斜板、M 板车薄膜进料连续，还提供加热部张力。二连摆辊由气缸、位置、传感器、对边、对花装置等组成。其工作原理是，薄膜运动使摆辊抬起，安装在摆辊连杆上的位置传感器检测出摆杆位置，由位置传感器控制放卷部卷出橡胶辊转速，调节卷出速度。

原膜有松弛时，适当调高张力，高速制袋时也应提高张力，但膜易抖动。在能消除松弛合颤范围内，张力值尽量设定较低。如图 4-22 所示。

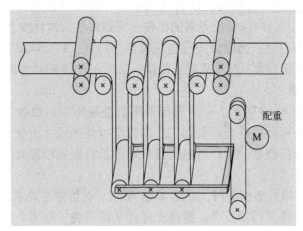

图 4-22　二连摆棍

（五）合掌装置

对已经折叠为袋状的薄膜背封重合，实现背封前行程并支撑背封成型板。如图 4-23 所示，背封成型板使用 1mm 厚的不锈钢板。贴上硅橡胶高温面，注意不能出现气泡，否则影响热封强度。

图 4-23　合掌装置

图 4-24　烫刀式背封

（六）热封部

热封部是制袋机的关键部分，由背封和横向热封组成。由热封刀、冷却刀、橡胶台、硅橡胶板、高温布等构成。

1. 背封装置

方式一：类似于三边封纵向烫刀的热压方式，如图 4-24 所示。热封间隙调整为 1~1.5mm，热封压力由弹簧压力供给，由螺栓长度控制，生产时要仔细微调热封刀平行度。

方式二：采用滚轮式背封装置，如图 4-25 所示，分纵向加热器和压合滚轮两部分。纵向加热器使薄膜加热熔融，然后由滚轮压合完成背封。

纵向加热器应与薄膜走向平齐，两加热器加热面平行、水平同高，加热器间的缝隙应尽量窄但又不碰到薄膜，因此，薄膜的背封部分进入加热器时应尽量保持笔挺，根据薄膜的厚度、性能及材料等加以调整。对纵向加热器可进行以下调整：热封刀的高度、角度、平行度、两热刀间隙、水平度、中心度等。

压合滚轮应经常清洁干净，否则影响热封强度。生产时适当调整以下状态：压合滚轮角度、高度和纵向加热器距离、热封压力、中心位置调整等，以保持最佳热封状态。

图 4-25 滚轮式背封

2. 热封装置

如图 4-26 所示，加热器一侧安装热封刀，一侧安装橡胶台，两侧都由加热器加热，冷却刀两侧都装有冷却板，下侧为橡胶台。橡胶台使用硅橡胶，一般设定为 70%~100%。硅橡胶的硬度通常分为两种：热封宽小于 25mm，选用矿硬度为 70 硅橡胶；热封宽大于 25mm，选用硬度为 50 硅橡胶。冷却用硅橡胶使用硬度为 50，厚 2mm 的规格。在加热时，热封刀和橡胶接触后仍继续向下，两根螺栓上侧的螺母和纵加热器壁间会产生间隙。通常间隙要求 1~1.5mm。加封时如果没有间隙，不产生热封压力。间隙大于 2mm 时，热封动作和薄膜进给不匹配。

图 4-26 热封刀

图 4-27 张力控制器

（七）定张力装置

定张力装置就是使横加热器的薄膜张力保持稳定的装置，如图 4-27 所示。横向加封刀处的张力保持一定，薄膜的进给量也就是确定并能正确地进给确定的尺寸。生产中横封处张力设定小一些，可以减少热封造成的收缩。

（八）传感器

光标传感器装置由光标传感器、进步电机、移动装置构成，如图 4-28 所示，光标传感器在制袋时检测印刷标记，使印刷标记吻合，控制制袋尺寸。

（九）切断装置

一般为剪刀薄膜切断装置，上刀为动作刀，下刀为固定刀，如图 4-29 所示，新切刀刀刃的位置正好和薄膜线一致。安装再研磨后的切刀时，因为被磨过，安装时要加以调整。下刀刃的刃部为超硬合金，一般只磨上刀刃，只有上刀刃打磨后不起

作用时，再磨下刀刃。

图 4-28　光标传感器

图 4-29　切刀

二、制袋工艺控制

（一）制袋前明确要求

根据如图 4-30 所示的制袋工艺单的要求，明确以下要求。

背封机制袋工序工艺卡				
产品名称	**********			
订货厂家	**********			
产品结构	PET12//CPP40		分切尺寸 /mm	480
产品规格（L×W）/mm	360×230		定型板宽 /mm	227
背封边倒向	黑光点压在里面		顶封尺寸 /mm	55
开口方向	下开口		背封尺寸 /mm	10
包装箱 /mm	纸箱（QS）：480×380×270		底边余量 /mm	≤ 2
箱 / 只	2000		热封强度 N/15mm	≥ 15
下刀位置	分切	光点外 1mm 下刀，保证分切尺寸，偏差≤ ±0.5mm		
	制袋	黑光点下沿向下 1mm 下刀，光点下有 1mm 透明边		
打孔位置	撕裂孔：正面看，距左 30mm 处上下均打； 手提孔：用 55mm×17mm 的吊孔，位于顶封处居中，孔上沿距袋顶 20mm，不可切到文字及品牌主图案			
工艺要点	1. 保证制袋尺寸； 2. 技术标准：袋长偏差（360±4）mm、净长偏差（300±5）mm、宽度偏差（230±3）mm； 3. 保证热封边平整、无皱折； 4. 避免点漏、热封不良及过热剪切现象； 5. ★保证袋子不漏气； 6. ★背封边根部居中； 7. 制袋时不允许有划伤，背封边不允许有气泡（可以用胶辊）； 8. 材料编号：P21210； 9. ★正面上沿有 3mm 透明边，下沿有 1mm 透明边； 10. ★合格证上须添加材质结构（以生产订单为准）； 11. 2010-8-24 改版，具体见改版通知			
包装要求	箱内垫大块 PE 膜，箱外四周封黄胶带，打 "11" 字包扎带			

图 4-30　制袋工艺单

1. 工装的选定

制袋工装包括规格板、热封刀、冲孔器、特殊切刀等。在生产之前，应先明确制袋的具体形式，再选定合适的工装，并保证工装的可行性，这是非常必要的。工装一般根据产品的尺寸而进行规定。比如规格板可根据成型袋的宽度来选定；热封刀根据热封尺寸来选定，根据热封宽度、材料厚度、材质不同，而选定不同形式热封刀，以便收到最佳热封效果；冲孔器则根据孔的形状，选择直接制袋打孔还是冲床后加工等。

2. 封口位置及切刀位置

封口及切刀位置似乎是很简单的事情，但往往因为想当然而造成批量产品损失，这在软包装厂是较为常见的。所以，开机前必须认真审核生产单，明确袋子封口位置及切刀位置，有图案或光标的产品一般根据图案或光标来判定封口、切刀位置，比如封天或封底，光标下或光标上等；而对于图案不规则的产品，则可根据图形中重要的标志来进行明确。一般封口与切刀位置是紧密相连的，但有时也不是完全统一，有些特殊产品必须审核仔细，以免裁切错误。

3. 易撕口、排气孔位置及形式

易撕口、排气孔是为包装使用方便而对包装袋采取的一种附加方式，不同的厂家对两者要求不同。易撕口形式有多种，如：激光方式、U型或V型冲孔方式等。激光易撕口存在很好的防伪功能，使用方便，但设备较为昂贵，目前较为常用的是在封边边缘进行冲孔，该方法操作简便，使用也直接。

排气孔存在袖珍针孔状、圆孔等多种方式，而且，不同产品要求的位置、数量也不相同，如适用于粉状固体包装的袖珍排气孔，可沿袋子纵向或横向等间距或不等间距地排列数个针孔，采用这种方式，可便于盛装物内排气，减少运输、储存时的破损。所以，根据客户要求以及产品用途，明确产品的易撕口、冲孔方式是很重要的。

4. 切刀形式

切刀一般有直线形、齿形等，而齿形又有直边齿形、圆弧齿形等形式。直边切刀是制袋中最常见的一种形式，而采用齿形切刀时必须注意上下刀形状是否一致，对于上下有异的袋子，必须注意材料走向或上下切刀的安装位置，避免上下齿形相反。

5. 背封袋起封位置

背封起封位置是根据图案设计而定的。通常起封位置位于袋面的中心位置，但有时考虑图案的美观、连续、完整性，背封起封位置随着设计图案而偏离中心线，不同的产品会有所不同。操作者在操作时，有时会因为图案位置不太明显，而往往会忽视这一点，而按照背封线取中进行操作，从而造成失误。所以，在生产开机前，应认真审核生产单，避免出现错误。

（二）制袋热封控制

目前，热封合是应用在复合包装材料中最普遍、最实用的一种制袋方式。它是利用外界各种条件（如电加热、高频电压及超声波等）使塑料薄膜封口部位受热变成黏流状态，并借助一定压力，使两层膜熔合为一体，冷却后保持强度。热封合方式有很多种，比如熔断封合、超声波封合、高频封合、热空气封合、棒式热封合等。软包装袋大多都是采用棒式热封合，它也是整个包装袋行业中最常见的一种热封合方式。这种热封方式主要是通过对加热棒温度、热封时间、加热棒与硅胶板之间压力三者进行协调，最终达到满意的封合效果。一般来说，好的封合效果取决于它是否具有良好的热封强度以及完好无损的外观。

1. 热封温度

复合膜的热封温度的选择与复合基材的性能、厚度、制袋机的型号、速度、热封压力等有密切关系，直接影响热封强度的高低。

复合薄膜的起封温度是由热封材料的黏流温度（t_f）或熔融温度（t_m）决定，热封的最高温度不能超过热封材料的分解温度（t_a）。t_f（或 t_m）与 t_a 之间的温度即为热封材料的热封温度范围，它是影响和控制热封质量的关键性因素。热封温度范围越宽，热封性能越好，质量控制越容易、越稳定。

同时复合薄膜热封温度不能高于印刷基材的热定型温度。否则会引起热封部位的收缩、起皱，降低了热封强度和袋子的抗冲击性能。印刷基材的耐温性好，如BOPET，BOPA 等，提高热封温度能提高生产速率；印刷基材的耐温性差，如 BOPP 则尽量采用较低的热封温度，而通过增加压力、降低生产速度或选择低温热封性材料来保证热封强度。

热封温度设定应在热封材料的热封温度范围内，一般比 t_f（或 t_m）高 15~30℃。热封温度过高，易使热封部位的热封材料熔融挤出，降低了热封厚度，增加了焊边的厚度和不均匀。虽然表观热封强度较高，却会引起断根破坏现象，大大降低封口的耐冲击性能、密封性能。而热封温度低于材料的软化点，加大压力和延长热封时间均不能使热封层真正封合。

热封温度设置小技巧

热封温度设置时还需要考虑热封膜的厚度、热封布及不同结构复合材料等因素的影响，如 PE80 单层膜热封温度为 120℃，一般热封布对温度的阻隔在 40~60℃左右，PET12/A17 对温度的阻隔为 20℃，NY15 对温度的阻隔为 15℃，即因为材料结构和热封布的影响，最后 PET12/A17/PE80 的热封设定温度为 185℃，NY15/PE80 的热封温度为 180℃。

2. 热封压力

在热封温度下，热封材料开始熔化，在黏结面上施以压力，使对应的热封材料相互接触、渗透、扩散，也促使薄膜表面的气体逸出，使热封材料表面的分子间距离缩小，产生更大的分子间作用力，从而提高了热封强度。

热封压力由制袋机上的压力弹簧提供。如图 4-31 所示，热封压力的大小与复合膜的性能、厚度、热封宽度等有关。极性热封材料有较高的活化能，升温对其黏度的下降影响较大，因而所需的热封压力较小，防止热封部位的熔融材料被挤出，影响热封效果。而 PE，PP 为非极性材料，活化能极小，所需压力较高，对热封强度、界面密封性有利。

图 4-31 压力弹簧

热封压力应随着复合膜的厚度增加而增加。若热封压力不足，两层薄膜难以热合，难以排尽夹在焊缝中间的气泡；热封压力过高，会挤走熔融材料，损伤焊边，引起断根。计算热封压力时，要考虑所需热封棒的宽度和实际表面积。热封棒的宽度越宽，所需的压力越大。热封棒宽度过宽，易使热封部位夹带气泡，难以热封牢固，一般可采用镂空的热封棒，在最后一封加强热封牢度。相同宽度的热封棒，若表面刻纹，其实际接触面积大大减少，单位面积压力相应增大，这对热封宽度较大的包装袋是有益的。

3. 热封速度

热封速度体现制袋机的生产效率，也是影响热封强度和外观的重要因素。热封速度越快，热封温度要相应提高，以保证热封强度和热封状态达到最佳值；在相同的热封温度和压力下，热封速度越慢，热封材料的熔合将更充分、更牢固，但不能引起断根现象。

国内生产的制袋机，热封时间的长短主要是由制袋机的速度决定的。增加热封时间，必须降低制袋速度，降低生产效率。如果采用独立的变频电机控制热封棒的升降和送料，独立调节热封时间，而不改变制袋速度，就大大方便制袋机的操作与质量控制。

4. 冷却情况

冷却过程是在一定的压力下，用较低的温度对刚刚熔融封合的焊缝进行定型，消除应力集中，减少焊缝的收缩，提高袋子的外观平整度，提高热封强度的过程。

制袋机的冷却水一般是自来水或 20℃ 左右的循环水。水温过高、冷却棒压力不够、冷却水循环不畅、循环量不够等都会导致冷却不良、热封强度下降。

5. 热封次数

大多数制袋机的纵向和横向热封均采用热板焊接法，纵向热封次数取决于热封棒的有效长度和袋长之比，横向热封次数由机台热封装置的组数决定。良好的热封一般要求热封次数在 2 次以上。横向热封装置多数为 3 组。为了满足宽边的热封要求，往往增加横向热封装置，增加热封次数，以降低热封温度，减小缩颈现象。对于较长规格的包装袋，可以采用多倍送料技术，使每次送料长度减至袋长的二分之一或三分之一，从而增加热封次数，改善热封效果，但会降低生产效率，所以有些制袋机增加了纵向热封棒的长度，以增加热封次数，保证热封质量。

6. 热封棒间隙

热封棒间隙是指上热封棒接触到底板时，预定的热封压力传递到热封表面的施压距离。在相同薄膜厚度、相同热封速度时，热封棒间隙小，热封时间相对较小，产品的热封强度将会降低。一般热封棒间隙设定在 1.0~1.5mm，它与薄膜厚度、传递性能、制袋速度等有关。

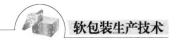

（三）张力控制

1. 背封机

背封机的张力分放卷张力和进料张力。

（1）放卷张力

放卷张力即制袋材料放出的张力，通常设定为材料进入牵引夹辊时能平衡行走，不上下、左右串动和在牵引夹辊处不形成皱褶为宜，但又不能把放卷张力设定过大，因为过大张力会把收卷不紧的材料形成料间滑动，在合掌处引起卷内褶皱问题，或把卷料拉散。生产时，每卷制袋材料因卷径大小不一，放卷张力初始设定操作都要根据放出料的松紧情况作调节，随着卷料卷径减少，放卷张力会增大。因此生产过程中，操作人员要不断检查放卷张力的变化，并作调节保持放卷张力的均衡。

（2）进料张力

进料张力即进入热封时的张力，以调节连接浮动辊弹簧拉力大小来调节进料张力的大小。进料张力过大时，材料与设备的接触处摩擦增大，袋子容易被刮花，材料易形成纵向皱，抗拉强度小的在受热情况下易被拉伸，影响光电头检测工作。而张力过小时，材料在机上行走时左右串动，影响定位光电头的检测，造成裁切、冲切、热封位置不当等问题，因此操作人员要注意进料张力设定不当时的影响。

2. 三边封制袋机

三边封制袋机张力有放卷张力、纵封张力、横封张力及底料张力。

（1）放卷张力

放卷张力是控制制袋卷膜放面料的松紧度的工艺参数。通常要求放出的卷膜能平稳行走时，使用小张力生产。设定时，根据材料的松紧度及平整度作调节。

（2）纵封张力

纵封张控制段由放料牵引辊到纵封后面的牵引辊间材料。途经两个 45°角的转向板，光电纠偏检测头，前后左右对正调节辊组及热封、冷却刀。张力的调节通过调节张力摆杆对材料的压力大小来实现。当张力过大时，虽材料行走较平稳，但材料与设备接触处产生摩擦增大。易发生刮花现象。且会影响后面部分定位裁切、冲切、热封位置的稳定性。而当张力过小时，材料行走会左右（或上下）串动，影响光电检测头的正常纠偏，上下两层材料的左右、前后位置对正也不稳定。

（3）横封张力

横封张力即横向热封刀前后牵引辊间的材料张力，横封张力通过调节滑动辊压力来调节张力的大小，张力过大时，材料受热后被拉伸，且牵引下材料送进不稳定，影响光电头的检测与纠正。而张力过小时，材料行走不稳定，进入牵引夹辊时容易被压皱，光电检测与纠正系统难以正常工作，易造成裁切、冲切、热封位置不当等问题。

（4）底料张力

底料张力指自立袋底料的放出张力，底料与制袋材料同步行进，张力过大时底料的冲孔位置就要滞后于制袋材料对应位置，而张力过小时，底料的冲孔位置又会超前制袋材料的对应位置，因此，调节底料张力应根据底料与制袋材料的对应位置的不同而作调节。

三、制袋质量问题及解决方法

（一）热封强度差

热封强度差指封口位置的强度低于标准要求，如图 4-32 所示。

图 4-32　热封强度差

1. 产生原因

① 复合膜中的黏合剂尚未充分硬化。

② 热封条件不适当。

③ 热封刀和冷却刀之间的距离过长。

④ 内封层薄膜有问题。

⑤ 油墨的耐热封性不良，导致热封部位薄膜的复合强度降低。

⑥ 粉尘、喷粉等物质附着于热封面上。

⑦ 复合强度低下或热封处复合强度下降过多。

2. 解决方法

① 通过保温老化促进黏合剂硬化（熟化、固化），提高复合膜的复合强度及耐热性。

② 根据复合薄膜的构成结构、热封状态等选用最佳的热封条件（温度、时间和压力），或改进热封方式，热封后立即进行冷却。

③ 检查热封层薄膜的保存期及保存条件，如果热封层使用的是旧批号的薄膜和经过热封处理的薄膜则要特别注意。

④ 增加热封层薄膜的厚度。

⑤ 改变热封层薄膜的种类及品级，使用具有抗污染热封性的内封层薄膜。

⑥ 检查黏合剂的品级是否符合要求（树脂中低分子物质的渗出，有时会给黏合剂的组成成分带来影响）。

⑦ 改善热封层（基材）的热合性能，控制好爽滑剂的含量，采用 MLLDPE 薄膜。

⑧ 控制好复合胶黏合剂中 MDI 的单体含量。

⑨ 检查热封面的处理程度。

⑩ 更换油墨（最好采用两液型油墨）。

⑪ 改变包装袋的印刷图样，使印有油墨的部分避开热封部位，或改变热封方法（特别注意金属油墨不要印在封口处）。

（二）尺寸误差

尺寸误差指的是制袋的纵向尺寸有偏差，如图 4-33 所示。

1. 产生原因

① 制袋机制袋长度定长系统误差过大。

② 电眼跟踪不准。

③ 塑料复合膜制袋加工速度的影响。

④ 操作因素，如张力控制不当，走膜橡胶辊压力气缸的压力设定不足等。

图 4-33　制袋偏差（彩图效果见彩图 24）

2. 解决方法

① 调整定长系统。

② 调整电眼工作状态。

③ 检查是否存在光标印制问题或间距问题，并加以调整。

④ 检查受压膜尺条的压紧程度、复合薄膜摩擦系数是否适当。

⑤ 预调的送膜长度（调整白袋时）与实际制袋尺寸要尽量准确。

⑥ 降低制袋速度，而且制袋速度的调整要缓慢进行。

⑦ 调整走膜橡胶辊压力、气缸压力和各部分张力。

（三）封面有花斑、气泡

封面有花斑、气泡指封口表面不平整，如图 4-34 所示。

1. 产生原因

① 在含有尼龙薄膜等吸湿性的材质结构上进行热封时，吸湿性薄膜吸湿就会产生气泡。

② 热封刀或热封硅胶垫不平。

③ 热封压力不足。

④ 使用单组分黏合剂，如氯丁橡胶黏合剂，在热封制袋时，热封面很容易出现凹凸不平的小坑。

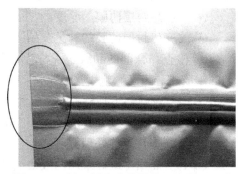

图 4-34　封口折痕（彩图效果见彩图 25）

2. 解决方法

① 对原材料和半成品妥善保管，避免其吸湿。

② 检查或调整热封刀和热封硅胶垫。

③ 更换黏合剂。

（四）上下片对不准

上下片对不准指制袋时前后两面没有对齐而出现的问题，如图 4-35 所示。

图 4-35　上下两片不对准

1. 产生原因

① 复合膜薄厚不均匀，有荷叶边。

② 双浮动辊张力太小。

③ 有些辊转动不平稳。

2. 解决方法

① 调整双浮动辊张力。

② 检查并调整有关导辊（如补偿辊、调偏辊等）。

思考题

如何确定制袋的温度、压力、时间和冷却次数？

操作训练

1. 根据工艺单和袋的尺寸形状，选择相应的热封刀，并进行安装调试。

2. 根据工艺单的要求，安装打孔机、易撕口刀，确定 EPC 电眼位置。

项目五
软包装检测与质量控制

任务一 软包装检测

知识目标

1. 掌握软包装检测项目及检测标准。
2. 掌握检测结果的表示方法和误差分析方法。

能力目标

1. 能根据产品要求进行项目检测。
2. 能够合理分析检测过程中存在的问题，并提出可行的解决方案。

一、检测项目

软包装在整个生产过程中，需要检测的项目如表 5-1 所示，检测方法按照相应的国家标准进行。

表 5-1 软包装检测项目

生产过程	原 料		印 刷	复 合	成 品	
检测项目	薄膜	外观 规格尺寸 表面电晕值 摩擦系数 热封性能 机械物理性能 耐热性（蒸煮膜） 厚度	印刷外观 及效果 色差及 套印条码 光标间距 油墨附着力 热封强度 （涂胶产品） 溶剂残留	外观厚度及 厚度均匀性 初黏力及 最终复合强度 光标间距 热封强度 摩擦系数 溶剂残留检测 收卷效果	卷膜	规格尺寸及 出卷方向 分切偏差 COF 光标间距 外观收卷效果 标签及包装

生产过程	原料		印刷	复合	成品
检测项目	镀铝膜	光泽度 镀铝附着力 镀铝层厚度	印刷外观及效果 色差及套印条码 光标间距 油墨附着力 热封强度 （涂胶产品） 溶剂残留	外观厚度及厚度均匀性 初黏力及最终复合强度 光标间距 热封强度 摩擦系数 溶剂残留检测 收卷效果	规格尺寸 封口强度 耐压实验 跌落实验 耐热实验 外观 开口性 卫生性能
	油墨	色相 固含量 黏度检测 油墨细度		袋子	
	黏合剂	固含量			
	溶剂	纯度			

二、检测案例

本项目以咀香园月饼包装袋（BOPP/CPP）为例，分析其检测过程。由于月饼中含有较多的植物油脂，油脂中的不饱和脂肪酸易被氧气氧化，从而导致月饼变质。同时环境温度、光照、月饼的含水量、包装内氧气浓度等都是引起月饼腐败变质的主要因素。作为月饼包装用材料，其要求的功能包括三方面：一是保护月饼不受外界污染；二是保证月饼在保质期内不会氧化变质；三是保证月饼在保质期内不会受潮霉变。同时需要考虑包装卷膜在包装机上的顺畅，那么，对包装材料进行相关的质量控制势在必行，主要进行阻气、阻湿性能控制，封口热封强度控制，剥离强度、摩擦系数控制和溶剂残留控制等。

咀香园包装袋的结构是 BOPP19/CPP30，卷膜形式。

（一）阻气性能检测

月饼包装用材料的气体阻隔性将直接影响月饼的质量。如果包装对氧气的阻隔性差，轻则会使月饼失去原有的香味，重则使其发生氧化变质，使保质期缩短。

包装材料的阻气性是指材料防止氧气、氮气、二氧化碳等气体透过的性能，其渗透原理如图 5-1 所示。

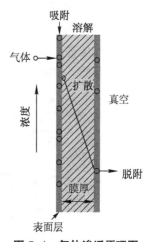

图 5-1 气体渗透原理图

复合膜透气性的检测采用压差法，压差法的测试原理是用塑料薄膜或薄片将低压室和高压室分开，高压室充有约 10^5 Pa 的试验气体，低压室的体积已知。试样密封后用真空泵将低压室内空气抽到接近零值。用测压计测量低压室内压力增量 Δp，可确定试验气体由高压室透过膜（片）到低压室的以时间为函数的气体量，但应排除气体透过速度随时间而变化的初始阶段。检测过程如图 5-2～图 5-5 所示。

图 5-2　试样的裁取 1

图 5-3　试样的裁取 2

图 5-4　密封试样

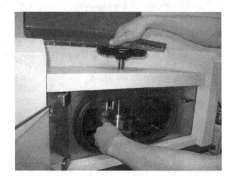

图 5-5　开始测试

（二）阻湿性能检测

如果包装对水蒸气的阻隔性能不佳，月饼则会受潮影响口感，甚至发生霉变，所以对包装材料进行透湿性检测是非常必要的。试验采用杯式法（称重法）透湿仪，其工作原理如图 5-6 所示。

复合膜透气性的检测是在规定的温度、相对湿度条件下，使试样两侧保持一定的水

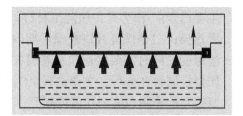

图 5-6　杯式法原理图

蒸气气压差，测量透过试样的水蒸气量，从而计算出薄膜的水蒸气透过量和水蒸气透过系数。检测过程如图 5-7~图 5-12 所示。

图 5-7　试样的裁取 1

图 5-8　试样的裁取 2

图 5-9 试样杯中加水

图 5-10 放置试样于试样杯中

图 5-11 夹紧试样

图 5-12 放置试样于透湿仪中

（三）热封强度检测

热封强度对于月饼包装而言是一个重要的性能指标。为了达到保护月饼的目的，包装袋的封口必须具备一定的强度并能够承受内装物及外在压力的作用。若该项指标达不到要求，包装极易在产品运输中出现开口或破损的情况，致使各项卫生指标将无法保证。热封强度指在规定的热封温度（180℃）、热封时间（0.8s）和热封压力（150MPa）条件下进行封口，采用万能拉力试验机检测的热封口强度值。检测过程如图 5-13~ 图 5-16 所示。

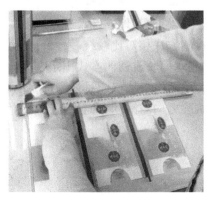

图 5-13 取样

图 5-14 封口

图 5-15　参数设置

图 5-16　测试

（四）剥离强度的检测

复合膜剥离强度对于月饼包装而言也是一个重要的性能指标，为了达到保护月饼的目的，复合膜的各层间必须要有一定的复合强度。如果复合强度过低，则包装极易在使用中出现层间分离现象，进而产生泄露等问题。

复合膜剥离强度的检测方法是将规定宽度的试样，在一定的速度下，进行 T 型剥离，测定复合层与基材的平均剥离力。检测过程如图 5-17~ 图 5-19 所示。

图 5-17　取样

图 5-18　参数设置

图 5-19　测试

（五）摩擦系数检测

月饼包装卷膜在枕式包装机上运行时，与导辊、输送板等会发生摩擦，因此需要有合适的摩擦系数，以确保其在高速生产线上能够顺利地进行输送与包装。

对于各生产企业而言，薄膜摩擦系数的检测方法相对比较统一，具体为：使用试验板（安装在水平操作台上），将一个试样用双面胶或其他方式固定在试验板上；另一个试样裁切合适后，固定在专用滑块上，然后将滑块按照具体操作说明放置在试验板上第一个试样的中央，并使两试样的试验方向与滑动方向平行，且测力系统恰好不受力。计算结果表示如下。

1. 静摩擦系数

$$\mu_s = \frac{F_s}{F_p}$$

式中　μ_s——静摩擦系数；

F_s——静摩擦力，N；

F_p——法向力，N。

2. 动摩擦系数

$$\mu_d = \frac{F_d}{F_p}$$

式中　μ_d——动摩擦系数；

　　　F_d——动摩擦力，N；

　　　F_p——法向力，N。

对配置运算器的试验仪器，计算机将直接计算出试样的动摩擦系数和静摩擦系数。检测过程如图 5-20~ 图 5-23 所示。

图 5-20　粘样

图 5-21　滑块包样

图 5-22　检测

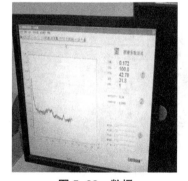

图 5-23　数据

（六）残留溶剂检测

月饼包装用复合包装材料在印刷、干式复合工序中使用了一定量的有机溶剂，如甲苯、二甲苯、乙酸乙酯、丁酮、乙酸丁酯、乙醇、异丙醇等，这些溶剂最终或多或少地残留在包装材料中。若使用含有较高残留溶剂的包装材料来包装月饼，将会危害人们的身体健康，影响月饼的风味。GB/T 10004—2008 规定食品包装的溶剂残留总量≤5.0mg/m²，其中苯类溶剂不检出。本项目中的溶剂残留量的检测采用氢火焰离子检测型气相色谱仪。

气相色谱法是以气体作为流动相（载气）。当样品被送入进样器后由载气携带进入色谱柱。由于样品中各组分在色谱柱中的流动相（气相）和固定相（液相或固相）间分配或吸附系数的差异。在载气的冲洗下，各组分在两相间作反复多次分配，使各组分在色谱柱中得到分离，然后由接在柱后的检测器根据组分的物理化学特性，将各组分按顺序检测出来。其分离过程如图 5-24 所示。

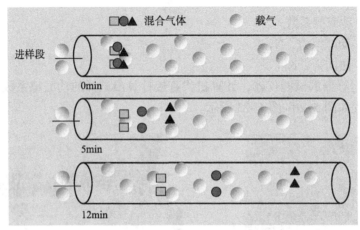

图 5-24　气相色谱分离过程

溶剂残留检测时裁取 0.2m² 待测试样，并将试样迅速裁成 10mm×30mm 的碎片，放入清洁的 80℃条件下预热过的瓶中，立即密封，送入（80±2）℃干燥箱放置 30min，然后用气相色谱仪检测，检测过程如图 5-25~ 图 5-28 所示。

图 5-25　烘样

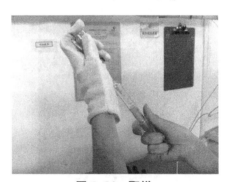

图 5-26　取样

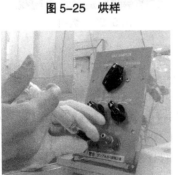

图 5-27　进样

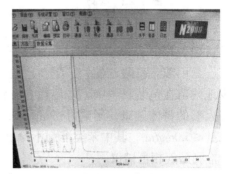

图 5-28　谱图

三、试验数据处理方法

（一）算术平均值

算术平均值是软包装检测项目中常用的一种数据处理方法，它是反映数据集中趋势的一项指标。设有 N 个试验值：x_1，x_2，$\cdots$，x_n，则它们的算术平均值为：

$$u = \frac{x_1 + x_2 + \cdots + x_n}{N} = \frac{\sum\limits_{i=1}^{N} x_i}{N} \qquad （5-1）$$

式中　u——算术平均值；

　　　N——测量次数。

（二）绝对误差和相对误差

1. 绝对误差

设某测量值 N 的真值为 N'，绝对误差为 $|N'-N|$，它反映测量值偏离真值的大小。

2. 相对误差

用绝对误差无法比较不同测量结果的可靠程度，于是用测量值的绝对误差与测量真值之比来评价，并称它为相对误差，用 $\left|\dfrac{N'-N}{N'}\right|$ 表示，如将其转换成百分比 $\times 100\%$，也称百分误差。

（三）标准差

标准差也被称为标准偏差，是对一组数据平均值分散程度的度量。一个较大的标准差，代表大部分数值和其平均值之间差异较大；一个较小的标准差，代表这些数值较接近平均值。标准差计算公式见式（5-2）。

$$\sigma = \sqrt{\frac{1}{N-1}\sum\limits_{i=1}^{N}(x_i - u)^2} \qquad （5-2）$$

式中　σ——标准差；

　　　u——算式平均值；

　　　N——测量次数。

下面以咀香园月饼包装膜的摩擦系数的测试结果为例，进行数据处理分析，如表 5-2 所示。

表 5-2　摩擦系数的测试结果

样品名称	数据处理	1	2	3
咀香园月饼包装复合膜	静摩擦系数	0.146	0.160	0.168
	平均值		0.158	
	绝对误差	0.076	0.013	0.063
	相对误差	0.481	0.082	0.399
	标准差		0.100	
	动摩擦系数	0.139	0.146	0.152
	平均值		0.146	

续表

样品名称	数据处理	1	2	3
咀香园月饼 包装复合膜	绝对误差	0.048	0.000	0.041
	相对误差	0.329	0.000	0.281
	标准差		0.062	

三组测试平均后 μ_s=0.158，μ_d=0.146。从测试结果看，试验中得到三组数据比较稳定，静摩擦系数大于动摩擦系数，误差比较小。据有关资料分析，软包装材料摩擦系数一般小于 0.2，比较适合生产实际，据此该数据满足软包装材料生产要求。

❓ 思考题

1. 说明软包装材料摩擦系数测定的目的和意义。
2. 分析生产中影响软包装材料摩擦系数的因素。
3. 说明软包装材料透气性测试的目的和意义。
4. 说明软包装材料透湿性测试的目的和意义。
5. 软包装测试结果的误差分析有哪些？

❓ 操作训练

1. 以 BOPP/CPP 和 PET/PE 两种复合膜为检测对象，从试样裁取、摩擦系数测试仪的操作、数据处理等方面，现场演示软包装材料摩擦系数的检测。

2. 以 BOPP/CPP 和 PET/PE 两种复合膜为检测对象，从试样裁取、透气性测试仪的操作、数据处理等方面，现场演示软包装材料透气性的检测。

3. 从气相色谱仪的开机、标准曲线的制定、试样采取、数据处理等方面，现场演示 BOPP/CPP 包装袋残留溶剂的检测。

任务二 软包装质量问题及解决方法

📖 知识目标

1. 掌握如何控制软包装产品的质量。
2. 掌握软包装产品标准化的测试工作。

📖 能力目标

1. 能发现或识别一些典型的软包装质量故障。
2. 能初步判断出现各种软包装质量故障的原因。

3. 能提出排除出现的各种软包装质量故障的初步建议。

一、软包装质量控制

软包装产品同其他产品一样，其良好的质量是生产出来的而非检验出来的，需要由过程的质量管理来保证最终质量。生产过程中对质量的检验与控制需要在每一道工序执行，因此必须培养每一位员工的质量意识，保证及时发现质量问题。如果在生产过程中发现质量问题，根据情况可以立即停止生产，直至问题解决，以避免出现对不合格品进行无效加工的情况。图 5-29 为软包装质量控制示意图。

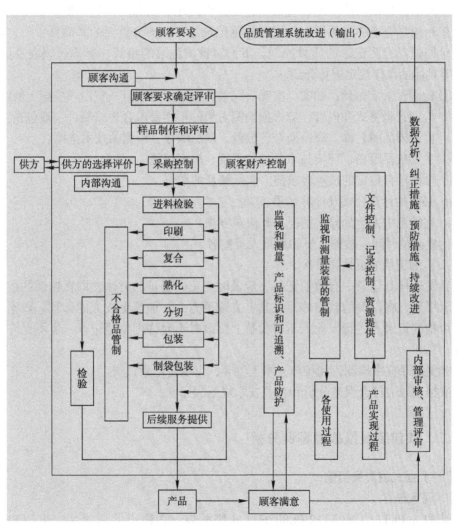

图 5-29 软包装质量控制示意图

在软包装生产中，最终判定产品是否合格主要依靠严格、规范的测试。科学的测试能够为生产提供量化的数据，技术人员可以依此作为问题说明的依据。实际生产过程中，从取样、操作程序、数据分析置信度等方面都有规范来保证测试数据的准确性。

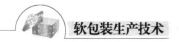

（一）良好的操作规范

实际应用中，测试结果可能因下面因素而变化：操作人员、设备精度、设备的变化、操作习惯、环境影响。

所以，包括作业人员、设施、场地、操作过程、器具、样品储存等方面的标准化的操作规范是保证测试结果准确的前提。

检验前检首先应查样品、设备、环境等是否满足要求并记录。检测按照规定的检测程序进行操作。检测后及时分析数据是否出现偏差，并找出原因，对异常数据进行再检测。

（二）检测记录

检测记录是检测结果的客观证据，是分析问题、溯源历史的依据，是生产中采取纠正和预防措施的重要依据，因而检测记录是一项十分重要的基础性工作，技术人员应加强对检测记录的质量控制。下面对检测记录的格式、标识、填表及更改、存档等具体的操作规定进行介绍。

① 检测记录应做到：如实、准确、完整、清晰记录项目；空白项应画上斜线。

② 检测记录格式和内容，应根据检测对象的不同要求合理编制，一般包括：

a. 检测样品的名称、规模型号、数量、样品编号、检测的技术依据。

b. 主要仪器设备、环境技术条件如温度、湿度值等。

c. 检测项目规定的技术要求值，实际测量的数值。

d. 必要的计算公式及计算结果。

e. 在检测中发生的异常情况及其应对方法。

f. 检测的时间、检测人员和审批人员签名。

g. 检测记录的页数和页次。

当发现检测记录中有数值记错，应及时更正。更正的方法，即在错误的数字上划一水平线，将正确的数字填写在其上方或下方，并加盖更改人的印章。数据更改只能由检测记录人进行，他人不得代替。更改时不允许用铅笔记录，也不允许用涂改液。

检测记录应由检测人和校核人本人签名，以示对记录负责。

数据记录应符合误差分析和有关技术规范和标准。

二、软包装质量故障案例分析

（一）立式袋离层折痕

1. 现象描述

结构为 PET12/VMPET12/PE80 的立式奶粉袋，在超市使用半年，出现 PET 与 VMPET 之间发生非油墨层分层现象，如图 5-30 所示。

2. 原因分析

立式袋包装的是小袋装奶粉，因此包装内容物的化学性质不会影响包装袋的质量，但由于包装内容物克重为 450g，在超市摆放过程中，立式袋起皱的地方就容易出现离层现象。查生产记录，发现该袋表层使用的是上一单剩余的脆性高的快干性胶进行复合，脆性胶不耐折，因此需要选用软硬合适的复合胶。

图 5-30 离层折痕现象（彩图效果见彩图 26）

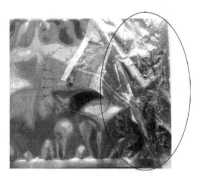

图 5-31 复合强度低现象

（二）复合膜复合强度低

1. 现象描述

结构为 BOPP28/VMCPP25 结构的退热贴包装袋，双色印刷，无满版白墨托底，复合后剥离强度低，复合离层，如图 5-31 所示。

2. 原因分析

在红墨区和绿墨区剥离强度都很低，原因是在油墨中，原黄墨表现为略带正极性（＋），原红墨为负极性（－），原蓝墨为负极性（－），因此由原黄和原蓝配成的绿色墨极性是中性的，其复合强度就比较低，但红墨在这里表现出剥离强度低主要是因为油墨供应商的红色蜡料加入量太大，析出影响复合强度，因此建议选用正规厂家的油墨或印刷面（油墨面）进行电晕一次，并在 8 小时内进行复合。

（三）复合起泡现象

1. 现象描述

结构为 PET12/Al7/NY15/MIPE60 电子产品包装袋。在生产过程中，第一天复合 PET 和 Al，没有出现气泡现象；第二天连续复合 NY 及 MIPE，也没出现气泡问题；生产完在车间常温放置 2 天，未观察到质量问题；然后将其送入熟化室熟化 48 小时，第 6 天进行制袋时发现复合膜表面呈带状的起泡现象，并且气泡发生在尼龙和纯铝之间，如图 5-32 所示。

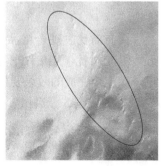

图 5-32 复合膜起泡现象

2. 原因分析

通过查生产记录，复合膜 PET/Al 与 NY 之间采用的是未变质的胶水，排除了使用过期胶水引起的胶水变质而产生气泡的情况。再仔细分析气泡的分布情况，无周期性规律，也排除因网辊网孔堵塞产生气泡的情况。通过与胶水供应商沟通，该胶水的初黏力较低，建议复合后马上进入熟化室。PET/Al 是挺性材料，NY 是蠕动性材料，使用了初黏力比较低的胶水，抗材料蠕动能力差，从而产生真空气泡。

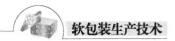

3. 结论

复合挺性材料与蠕动性材料必须选用初黏力高的胶水，或及时送入熟化房。

（四）白酒包装袋渗漏现象

某彩印公司反映使用某公司黏合剂生产白酒包装袋，出现渗漏现象，该产品结构是 BOPP/VMPET/PE。

从彩印公司了解到：制作该产品时，上胶量约 3g，熟化温度 45℃，熟化时间 32h；装酒后用重物压 12h 出现渗漏。检查彩印公司寄来的渗漏样品，因装酒封袋时热封温度过高，封边已变硬、发脆，并且封边内侧起皱。该黏合剂在白酒软包装结构中的应用，经过了市场长时间的使用验证，是很成熟的，由此可以排除因黏合剂本身不耐酒精而造成剥离强度低、耐压性能下降，形成渗漏的情况。故而初步判断渗漏的原因有两方面：

① 熟化不充分，黏合剂固化不完全，不能体现黏合剂应有的剥离强度和抗介质性能。

② 热封效果不好（封边发脆和厚度减薄），降低了袋子的热封强度和耐压性能。

有了前面的分析，还需要进一步检测来验证上述判断。把客户寄来的合格品和不合格品两种样袋（客户验证过的），各取一部分放入 50℃烘箱中进行再熟化，熟化时间 48h。

① 再次熟化后测试剥离强度和耐压性，其结果如表 5-3 所示。

表 5-3　原样品与再熟化样品剥离强度的检测（单位：N/15mm）

样品袋	检测层	原样品		再熟化 48h 的样品	
		纵向	横向	纵向	横向
合格品	VMPET/PE	3.11	3.9	3.51	3.19
不合格品	VMPET/PE	2.17	2.79	2.39	2.89

横向对比发现合格品及不合格品熟化前后 VMPET/PE 层间的剥离强度数值很接近。纵向对比 VMPET/PE 层间的剥离强度，不合格品比合格品低 1N 左右（产品熟化一次连续完成的效果要好）。

② 装白酒 5 天后做 VMPET/PE 的剥离强度检测，其结果如表 5-4 所示。

表 5-4　装白酒 5 天后 VMPET/PE 的剥离强度检测（单位：N/15mm）

VMPET//PE，纵向	合格品	不合格品
原样品装白酒，室温放置 5 天	0.50	0.29
再熟化样品装白酒，室温放置 5 天	0.53	0.53

原样品装白酒后的剥离强度：合格品达 0.50N，不合格品只有 0.29N，说明不合格品对白酒的耐抗性低；而经过再熟化的两种样品的强度都达到 0.53N，不合格品对白酒的耐抗性上升了。熟化前、后的不合格品样品剥离强度有差距，这个差距显然是原样品固化不完全造成的。

③ 用合格品和不合格品的两种样袋（原样品、再熟化样品）做以下耐压实验，都没有渗漏现象。

a. 按袋子标称的容积（700mL）装入水，72kg 压力，1min。

b. 取袋子的四分之一制袋，装入白酒 5 天后做耐压，20kg 压力，24h。

袋子耐压性能，达到了 GB/T 10004—2008 中三层铝箔蒸煮袋，内容物 410~2000g 时，耐压 700N/1min 无渗漏的要求，装白酒后进行耐压试验也没有发生渗漏现象。而原样品中的不合格品也未再发现渗漏现象，可能与环境温度高，样品袋长时间自然熟化，强度增大（比厂家做试验时），再加上袋子的封口效果好等因素有关。

通过以上检测，说明初步判断的原因对渗漏是有影响的。

黏合剂的性能在其充分固化后才能最好地体现，生产时要控制好熟化的温度和时间，特别是对于那些后续加工和使用要求高的产品，如拉链袋、蒸煮袋、辣酱包等。制袋时注意温度不要过高，防止出现热封边发脆、热封处厚度减薄，降低袋子的热封强度和耐压性能的情况。

（五）四合一封边不拉毛现象

1. 问题描述

某公司陆续出现瓜子袋制袋后封边不拉毛的现象，甚至有时候出现完全不能拉毛，严重影响生产效率。先后出现上百万个不拉毛的产品。如图 5-33 所示。

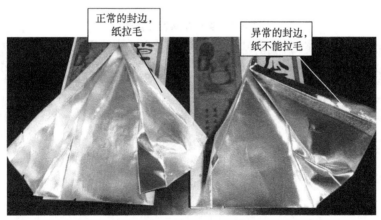

图 5-33　制袋封边情况

针对此现象进行了大量的测试和分析，找出影响拉毛的主要问题为 PE/PE 挤复强度太低造成的。

2. 解决办法

① 进行先复合 MPET（真空镀铝 PET 膜）再复合纸张的实验，排除表印油墨低温环境下，析出物较多对复合强度的影响，再进行设备速度、树脂温度的调整实验，但结果均不能稳定生产，强度衰减严重。

② 做统一实验，从人、机、物、法、环各方面因素考虑对产品剥离强度的影响，如图 5-34 所示。

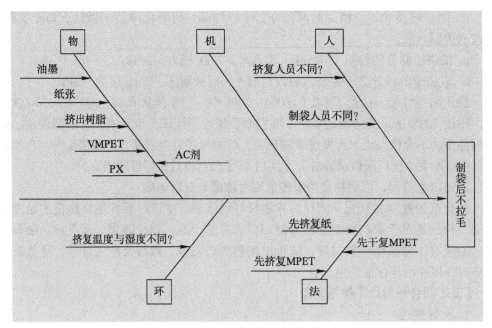

图 5-34　剥离强度影响因素

a. 第一次实验方案（表 5-5）

表 5-5　第一次实验方案表

复合方式	序号	第一层	第二层	第三层	第四层	第五层	第六层	气隙
挤出复合	1	纸	1C7A	MPET	CG03003	1C7A	PX	150
					停机换料			
	2	纸	1C7A	MPET	1882	1C7A	PX	150
					停机换料			
	3	纸	1C7A	MPET	超 EP108	1C7A	PX	150
								停机
	4	纸	1C7A	MPET	超 EP108	1C7A	PX	120
								停机
	5	纸	1C7A	MPET	超 EP108	1C7A	PX	180
						停机换料		
	6	纸	1C7A	MPET	超 EP108	722	PX	150
						停机换料		
	7	纸	1C7A	MPET	超 EP108	点 72	PX	150

第一次实验结果：

所有样品在制袋下机时都能拉毛，但是在放置 1 天后，均有不同程度的衰减，出现部分不能拉毛的现象。由此得出挤出树脂、AC 黏合剂及气隙距离对产品强度的影响不大。

b. 第二次实验方案（表 5-6）

表 5-6　第二次实验方案表

复合方式	序号	第一层	第二层	第三层		第四层	第五层	第六层	气隙
挤出复合	1	纸	1C7A	MPET	未电晕	无水乙醇 + 超 EP108	1C7A	PX	150
	2	纸	1C7A	MPET	打电晕	无水乙醇 + 超 EP108	1C7A	PX	150
					停机换料				
	3	纸	1C7A	MPET	未电晕	无水乙醇 + 普 EP108	1C7A	PX	150
	4	纸	1C7A	MPET	打电晕	无水乙醇 + 普 EP108	1C7A	PX	120
	5	纸	1C7A	MPET	打电晕	无水乙醇 + 普 EP108	1C7A 25um	PX	180
	6	纸	1C7A	MPET	打电晕	无水乙醇 + 普 EP108	1C7A 30um	PX	150

第二次实验结果：

所有产品在制袋下机后均能拉毛，但再放置 2 天后，MPET 未电晕产品均有不同程度的衰减，部分不能拉毛，但 MPET 打电晕都未衰减。具体检测数据如表 5-7 所示。

表 5-7　热封强度数据表

名　称	承压范围	中封强度 /N		底封强度 /N		剥离强度 /N
超 EP 打电晕	0.08MPa 底封破裂	52.6	52.54	55.4	50.89	3.19 ~ 3.35 3.69 ~ 3.89
普 EP 打电晕	0.08MPa 不破裂	51.46	39.11	48.51	49.94	3.56 ~ 3.79 4.29 ~ 4.54
1C7A30um 打电晕	0.075~0.08MPa 背封破裂	29.26	28.29	31.66	30.69	未剥开
1C7A25um 打电晕	0.075~0.08MPa 背封破裂	16.71	15.11	28.71	27.94	未剥开
超 EP 未电晕	/	25.81	27.64	43.01	29.14	/
普 EP 未电晕	/	12.2	17.97	27.09	33.59	/

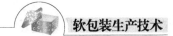

通过上表结果可以看出，MPET非镀铝面表面达因值对复合强度衰减有所影响，电晕后对MPET表面界面有所破坏，对拉毛效果有所提高。

3. 经验及教训分享

① 产品出现问题在没有解决措施的时候，不能盲目地进行批量生产。

② 变更控制的重要性。

③ 设备的正常维护对产品质量的影响。

④ 薄膜表面在线电晕的作用。

思考题

1. 企业该如何控制软包装产品质量的安全？

2. 进行软包装质量检测时应注意哪些方面？

操作训练

如果你是某软包装企业质量部的工作人员，请设计一个软包装质量控制方案。

项目六
豆腐花包装袋的生产实例详解

知识目标

1. 掌握塑料包装袋的生产流程。
2. 掌握软包装生产中原料领用量的计算方法。
3. 掌握干式复合工艺中上胶量的计算方法。
4. 理解塑料包装袋的价格核算方法。

能力目标

1. 具备根据订单设计软包装加工工艺的能力。
2. 具备制作工艺单的能力。
3. 能够对软包装制品进行合理计价。

一、订单

软包装生产企业业务部接到一张新订单，内容是数量为 20 万个的三边封袋子，客户信息如表 6-1 所示。

表 6-1 订单信息

单 号	01031
客户名称	××食品有限公司
产品名称	196g 速食高钙蛋白豆腐花包装袋
产品结构	BOPP28/CPP50
产品规格	255mm×190mm×80μm

二、订单分析

业务员接到订单后，进行报价确认，然后根据生产加工需要准备好原辅材料，并经质检部门验收合格后，按照如图 6-1 所示的豆腐花包装袋的生产工艺流程图进行生产。

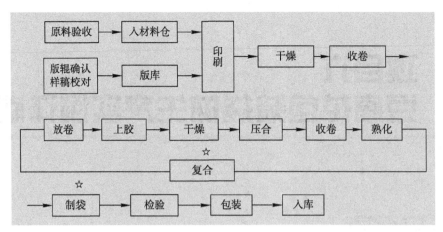

备注：☆表示有废弃物产生的工序

图 6-1　豆腐花包装袋生产工艺流程图

三、产品报价

塑料包装袋的销售价格主要是由材料成本，生产损耗以及企业的毛利三部分构成，即：

软包装产品报价 = 包装材料成本 + 生产损耗 + 企业毛利

（一）包装材料成本

包装材料成本具体包括 BOPP 薄膜、油墨、黏合剂和 CPP 薄膜的成本，生产中选用 OPP 油墨和 73% 固含量的普通黏合剂，该黏合剂的工作浓度选为 29.33%，上胶量为 $2.7g/m^2$。按照目前的市场价格，BOPP 16.5 元 / 千克，OPP 油墨 35 元 / 千克，普通黏合剂 20 元 / 千克，乙酸乙酯 7 元 / 千克，CPP 15 元 / 千克。

1. BOPP 材料成本

每平方米单价：16.5（单价）×0.91（密度）×28（厚度）/1000=0.42 元 / 平方米

每平方米克重：1（每平方米）×0.91（密度）×28（厚度）=$10.92g/m^2$

2. 印刷加工成本

满版印刷油墨核算成为 $8g/m^2$，满版印刷再托白核算成为 $12g/m^2$。

每平方米单价：35（单价）×12（上墨量）/1000=0.42 元 / 平方米

每平方米克重：干的油墨折算成 $2g/m^2$。

3. CPP 材料成本

每平方米单价：15（单价）×0.91（密度）×50（厚度）/1000=0.68 元 / 平方米

每平方米克重：1（每平方米）×0.91（密度）×50（厚度）=$45.5g/m^2$

4. 复合加工成本

干基上胶量的成本 =2.7（干基上胶量）×（20/0.73）（胶水固含量价格）/1000=0.074 元 / 平方米

溶剂成本 =（2.7/0.29–2.7）（溶剂量）×7（胶水溶剂的价格）/1000=0.046 元 / 平方米

每平方米克重：2.7g/m^2

因此材料总成本为：0.42+0.42+0.68+0.074+0.046=1.64 元 / 平方米

材料每平方米克重为：10.92+2+45.5+2.7=61.12g/m^2

即每千克单价：1.64/61.12 × 1000=26.83 元 / 千克

（二）损耗

损耗与定单量有关，本案例的三边封尺寸为 255mm × 190mm，根据排版，可以横向排的重复长度为 190mm，并横排数为 2，如图 6-2 所示，中间和两边各留宽 10mm，即所需薄膜的宽度为 790mm，版周为 510mm，即印版每转动一周印 4 个袋子，那么 20 万个袋子所需要薄膜的长度为 25500m，因为三边封袋生产工序为印刷—复合—制袋，无须分切。

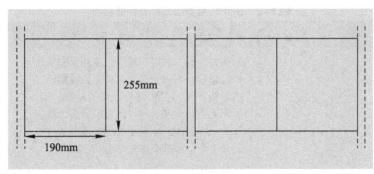

图 6-2 印刷排版简图

（1）印刷损耗

已知该生产企业的新订单试机损耗为 1500m，旧订单试机损耗为 500m，本例中按照新订单计算，损耗率为 1500/（25500+1500）=5.6%。

（2）复合损耗

复合损耗具体为一次复合约为 1.5%，两次为 3%，三次为 4.5%。本案例为一次复合，即损耗约为 1.5%。

（3）制袋损耗

生产中一般若制袋数 >5 万个，损耗约为 1.5%，<5 万个，损耗约为 2%，本案例为 20 万个，损耗为 1.5%。

（4）边损

按照三边封袋的宽度计算，生产中需要的薄膜的幅宽为 190 × 4=760mm，但印刷膜宽为 790mm，即边损为 30/790=3.8%。

考虑工艺损耗后的价格为：26.83 ×（1+5.6%+1.5%+1.5%）=29.14 元 / 千克

考虑边损后的价格为：29.14 ×（1+3.8%）=30.25 元 / 千克

（三）毛利

企业在制订销售价格时还需要考虑生产中所耗用的辅助材料的成本（如纸芯，胶带纸等）、人工费、水电费、管理成本、运输和利润等，根据袋子加工工艺的复杂程度，企业一般加 10%~40% 的毛利。由于该袋子结构相对比较简单，可将毛利定为 20%。

（四）销售价格

根据上述分析，最终确定复合膜的报价为 30.25×（1+20%）=36.3 元 / 千克。

四、原材料采购与检测

依据客户要求，结合公司生产实际，制订豆腐花包装袋所用原材料、产品包装袋等的性能要求、相应的项目检测方法与标准。

（一）原辅材料检测

主要原辅材料相应的常规检测项目如表 6-2~ 表 6-6 所示，测试方法依据国家标准、行业标准和企业标准。

表 6-2　BOPP 检测项目以及相关参数

检验项目	检验材料	检 验 标 准		测试方法
外观	BOPP	无明显亮点、气泡、黑点、油污、褶皱、颗粒爆筋、划痕、杂质污染及机械损伤；膜卷纸芯无凹陷和影响使用的崩口；端面无毛刺，平整度≤2mm；接头个数，长度在 3000m 以下不允许，3000m 以上≤1 个；每批产品允许 1/10 有接头		在自然光或 40W 日光灯下距离 800mm 目测
尺寸	BOPP	宽度偏差 /mm	0~+2	GB/T 6673—2001
		平均厚度偏差 /%	≤ ±3	GB/T 6672—2001
		长度偏差 /m	0~+50	GB/T 6673—2001
表面润湿张力	BOPP	≥ 38dyn/m		GB/T 14216—2008
物理机械性能	拉伸强度（纵 / 横）/MPa（20 μm）	纵向≥ 120		GB 13022—1991
		横向≥ 230		
	断裂伸长率（纵 / 横）/%（20 μm）	纵向≤ 180		GB 13022—1991
		横向≤ 65		
	光泽度 /%	≥ 85		GB 8807—1988
	摩擦系数	动≤ 0.4	静≤ 0.3	GB 10006—1988
卫生性能	感官指标	色泽正常，无异味、异嗅、蚊虫、异物		GB 9688—1988

注：1. 尺寸、外观若有一项不合格，合格批的判定执行按抽样方案。

2. 物理机械性能，若有一项不合格，应对不合格项进行加倍抽样复检，复检结果如仍不合格，则整批为不合格。

3. 卫生性能若有一项不合格，则该批为不合格。

表 6-3　CPP 检测项目以及相关参数

检验项目	检 验 材 料	检验标准参照《原材料检验标准》		测 试 方 法
外观	CPP	无明显亮点、气泡、黑点、油污、褶皱、颗粒爆筋、划痕、杂质污染及机械损伤；厚度在 25 μm 以下允许有少量轻微纵向条纹；膜卷纸芯无凹陷和影响使用的崩口；端面无毛刺，平整度 ≤ 2mm；接头个数，长度在 3000m 以下不允许，3000m 以上 ≤ 1 个；每批产品允许 1/5 有接头		在自然光或 40W 日光灯下距离 800mm 目测
尺寸	CPP	宽度偏差 /mm	0~+2	GB/T 6673—2001
		平均厚度偏差 /%	≤ ±5	GB/T 6672—2001
		长度偏差 /m	0~+50	GB/T 6673—2001
表面润湿张力	CPP	≥ 38dyn/m		GB/T 14216—2008
物理机械性能	拉伸强度（纵 / 横）/MPa	纵向 ≥ 35		GB 13022—1991
		横向 ≥ 25		
	断裂伸长率（纵 / 横）/%（20 μm）	纵向 ≥ 400		GB 13022—1991
		横向 ≥ 500		
	热封强度（纵 / 横）N/15mm	热封温度 ≤ 150℃，≥ 10		ZBY 28004
	摩擦系数	动 ≤ 0.45	静 ≤ 0.40	GB 10006—1988
卫生性能	感官指标	色泽正常，无异味、异嗅、蚊虫、异物		GB 9688—1988

注：1. 尺寸、外观若有一项不合格，合格批的判定执行按抽样方案。

　　2. 物理机械性能，若有一项不合格，应对不合格项进行加倍抽样复检，复检结果如仍不合格，则整批为不合格。

　　3. 卫生性能若有一项不合格，则该批为不合格。

表 6-4　油墨检测项目以及相关参数

检验项目	检 验 标 准	测 试 方 法
外观	油墨不允许有杂质，表面无结皮现象，无分层	抽取静止的桶装油墨，打开盖子，肉眼观察
颜色	与标准色相符	用展色棒刮样后，与相同版深的标准样对比
黏度	白墨、黑墨、色墨	GB/T 13217.4—2008
固含量	白墨 ≥ 35%	在 90℃烘箱中烘 3h
	黑墨 ≥ 25%	
	色墨 ≥ 15%	

注：同一批号每种颜色取一桶检测；固含量一个月抽一次即可。

表 6-5　黏合剂（胶水）检测项目以及相关参数

检验项目	检 验 标 准	测 试 方 法
外观	a. 无色或黄色透明 b. 无杂质、气泡、结块（皮）、黏稠液体、无明显分层	抽取静置的桶装黏合剂，打开盖子，用肉眼观察
固含量	根据双方约定确认的标准验收	GB/T 2793—1995

注：同一批号取一桶检测；固含量一个月只抽一批。

表 6-6　溶剂检测项目以及相关参数

检验项目	检 验 标 准	测 试 方 法
外观	无色透明，不允许有混浊、杂质、分层、沉淀物	目测
含量	醋酸乙酯 ≥ 99.8%	气相色谱仪检测
	甲醇 ≥ 99.0%	
	异丙醇 ≥ 99.5%	
	乙醇 ≥ 99.5%	
	甲苯 ≥ 99.8%	
	丁酮 ≥ 99.8%	

注：本公司只定性检测内含物，含量由客户提供检测报告。

（二）印版制作

根据袋子规格和材料要求，确定袋子的印刷色数和版周、版长等。印版由专业制版公司制作，凹版印刷版辊情况如图 6-3 所示。

五、产品生产

（一）原料领用

根据订单数量、产品规格、排版及复合工序、制袋工序的损耗比例，确定原材料领用量。生产中使用的卷筒膜料，应当预留适当的余量。一般第一基材比成品的宽度大 10~15mm，第二基材的宽度比第一基材大 5~10mm，第三基材的宽度比第二基材大 5~10mm，以避免复合时出现溢胶（粘边）现象。

根据报价分析，制袋损耗为 1.5%，复合损耗为 1.5%，印刷损耗为 1500m，根据排版，最终 20 万个袋子需要的膜为 25500m，则：

CPP（50 μm × 800mm），领料为 25500/（1-1.5%）^{2}=26284m

BOPP（28 μm × 790mm），领料量为 26284+1500=27784m

（二）生产工艺

1. 印刷工艺确定

①生产设备：YA-8800 凹印机。

②印刷方式：里印。

③油墨型号：无苯 OPP 型。

印刷厂家：　　　　　　　　版号：

委托厂家					品　名	8色　　8支		委托时间
制版方式	1.新制✓	2.改制	3.重制	4.退镀	版辊数		交货时间
印版类别	1.层次✓	2.线条	3.挂网	4.无缝	钢辊	1自带 2新制✓ 3原辊	油墨型号
版辊尺寸	辊长 790mm×周长510 mm				承印物	薄膜	表里印 表印 里印✓
堵头	外径 95mm	内径	斜度 10	法兰厚	单左() 单右() 双✓ 键 15×5mm		直径递增:0.03mm 带轴版依( )机加工图
袋　型	1.四封	2.背封	3.枕型	4.单片	5.筒料	6.自立	7.三角
返还物	黑稿 张	彩稿 1张	印样 张	说明 张	胶印样 张	光盘 张	其他:

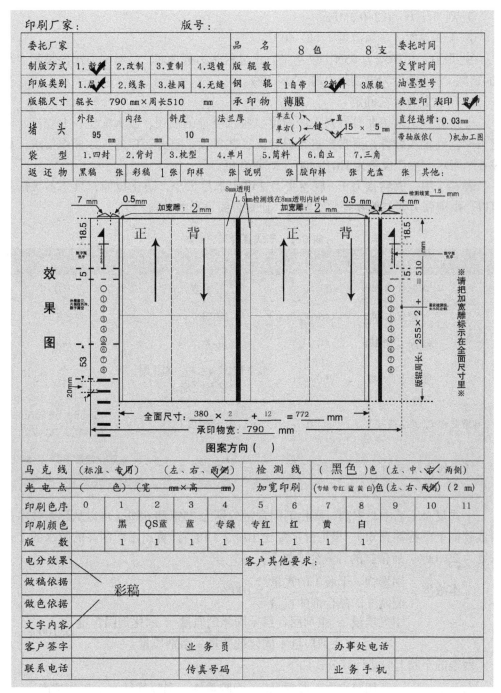

效果图

全面尺寸：380×2+12=772 mm　承印物宽：790 mm

图案方向（　）

马克线	(标准·专用)		(左·右·两侧)	检测线	(黑色)色 (左·中·右·两侧)		
光电点	(　色)(宽 mm×高 mm)			加宽印刷	(专绿 专红 蓝 黄 白)色(左·右·两侧)(2mm)		
印刷色序	0	1	2	3	4	5 6 7 8 9 10 11
印刷颜色		黑	QS蓝	蓝	专绿	专红 红 黄 白
版　数		1	1	1	1	1 1 1 1

电分效果			
做稿依据	彩稿	客户其他要求	
做色依据			
文字内容			
客户签字		业务员	办事处电话
联系电话		传真号码	业务手机

图6-3　制版信息

④ 油墨黏度：20~28s。

⑤ 印色标准：按封样（封样即将样稿制版后封存）。

⑥ 压辊压力：0.3~0.4MPa（一般压印胶辊的压力设定为0.2~0.4MPa，其压力值可对应印刷控制箱面板上压力表的数值）。

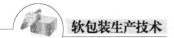软包装生产技术

⑦ 刮刀压力：0.2~0.3MPa。

⑧ 干燥温度（烘箱温度）：40~60℃。

⑨ 张力：出膜张力65N，放卷张力比进料张力低30N，进料张力比出膜张力小10~15N，收卷张力为出膜张力的30%~40%。

2. 干式复合工艺确定

干式复合工艺主要是针对上胶宽度、胶水类型的使用、胶水配比、上胶量、固化条件、网辊线数等主要参数进行设计。工艺参数是复合工序的具体操作要求，如表6-7所示。生产设备为HGF-800干式复合机。

表6-7中，放卷张力1、放卷张力2设定都尽量小，防止拉伸，只要不皱褶就可以。烘道张力要与放卷张力2匹配，让复合膜呈平整状态。

表6-7 干式复合工艺参数

项　目		参　数	项　目	参　数
张力	放卷张力/A	0.6~0.3	上胶宽度/mm	770
	放卷张力/A	0.5±0.3	上胶量/g/m²	2.7
	烘箱张力/MPa	0.01	胶水型号	750C
	收卷张力/N	150~160	胶水配比（主剂：固化剂：乙酸乙酯）	10：2：18
网辊线数/（线/英寸）		120	烘道温度/℃	45~55、55~65、60~70、60~70
复合辊压力/MPa		0.4~0.6	熟化条件	熟化温度50℃，熟化时间18h

干式复合工艺中，主剂、固化剂固含量分别为75%和65%（可以从厂家技术资料或胶桶上的标签查知），根据胶水配比10：2：18，计算出已配制好的胶水的工作浓度为29.33%。所依据的计算公式如下：

$$工作浓度 = \frac{固形物（干胶）的重量}{配制好的黏合剂的重量} \times 100\%$$

$$= \frac{主剂质量 \times 主剂固含量 + 固化剂质量 \times 固化剂固含量}{主剂质量 + 固化剂质量 + 溶剂质量} \times 100\%$$

网辊的干胶上胶量计算公式如下：

$$干胶上胶量 = \frac{耗用胶水中干胶重量}{复合面积} = \frac{（配胶重量 - 剩胶重量）\times 工作浓度}{复合膜上胶长度 \times 上胶辊宽度}$$

3. 制袋工艺确定

制袋工艺主要是对封边、冲孔、撕口位、切刀位、出袋方向等作出明确要求，豆腐花三边封袋的制袋工艺如表6-8所示。

146

表 6-8　制袋工艺

袋　型	参　　数		
三边封	顶封	30mm	底封	—
	左封	10mm	右封	10mm
	风琴宽	—	背封	—
	折向	—	冲孔要求	冲 6mm 圆孔，孔上边缘离顶 14mm
出袋方向	直出两排		
制袋切刀位	均分透明边	撕口位	右离顶 45mm

出袋方向：出袋方向一般有"横出"和"纵出（直出）"两种，包装袋正面文字、图案的左边或右边在制袋时先出来就是"横出"，包装袋正面文字、图案的脚或头在制袋时先出来就是"纵出（直出）"。出袋方向的选择应综合考虑包装袋的特点、加工设备特点、客户要求等因素，选择不当会极大地影响生产效率，甚至导致根本无法生产。

热封温度：热封材料的最低热封温度取决于材料的熔融温度，热封温度应该高于热封材料的熔融温度，具体数值要受薄膜的厚度、热封压力、热封速度等技术指标的影响。本例中，CPP（厚度为 $50\,\mu m$）的起封温度为 150~160℃。

按照表 6-8 绘制的制袋工艺图示如图 6-4 所示。

图 6-4　制袋工艺图示（彩图效果见彩图 27）

六、半成品、成品性能检测

半成品、成品的外观、机械性能及阻隔性能的检验标准如表 6-9 所示。

表6-9　半成品、成品检测项目以及相关参数

检验对象	检验项目	标准要求	测试方法
印刷半成品	颜色	符合签样要求并保持一致	目测
	套印误差	主要部位≤0.2mm，次要部位≤0.4mm	使用精度为0.1mm的钢尺测量
	网点	网纹清晰均匀无明显变形和残缺，浅网和过渡处不允许明显网点丢失，及过渡麻点	目测
	图案版面	成品整洁，无明显脏污（或油墨点）、残缺、刀丝、漏印；文字印刷清晰完整，印迹边缘光洁，不允许较明显毛刺	目测
	油墨附着力、光距	≥95%，与工艺单要求相符	用文具胶黏带
复合半成品	外观	文字图案要求同印刷标样一致，复合时允许有轻微间断性活皱，不允许有划伤、粘连、异物、分层、汽泡等现象，允许有少量轻微晶点	目测
	复合初黏强度	不容易剥离	手感
	端面平整性	要求比较平整	目测
	光距	与工艺单要求相符	使用精度为0.5mm的钢尺测量
制袋成品	长度偏差/mm	±2.5	使用精度为0.5mm的钢尺测量
	宽度偏差/mm	±2.5	
	封口宽度偏差/mm	±2.0	
	袋图案位置偏差/mm（按宽度）	≤2.0	
	袋脚偏差/mm（按长度）	≤2.0	
	冲孔位置偏差/mm	±2.0	
	撕裂口位置/mm	±2.0	
	外观质量	印刷复合要求同上，无明显刮花	目测
	封边质量	无虚封、两头封，允许有轻微封边压痕、封边皱、封边汽泡	手感＋目测＋圆角钢尺

检验对象	检验项目	标　准　要　求		测试方法
制袋成品	拉断力（纵/横）/（N/15mm）	纵向≥40		GB/T 1040.3—2006
		横向≥40		
	断裂伸长率（纵/横）/%	纵向≥35		GB/T 1040.3—2006
		横向≥35		
	复合剥离力（纵向）/（N/15mm）	≥3.0		GB/T 8808—1988
	封口剥离力（纵向）/（N/15mm）	≥30		GB/T 8808—1988
	耐压性	无渗漏、无破裂		GB/T 21302—2007
	耐跌落性	无渗漏、无破裂		GB/T 21302—2007
	数量	与装箱数量一致		抽检

七、包装及入库

经过印刷、复合、制袋工序制成的成品袋，由质检部门按照一定比例进行抽检，合格后将成品按照工艺要求包装，整理好外包装袋放至规定存放处暂存。保证封口平整，外观良好。

包装好的产品整板入库，放到对应的区域摆放整齐，堆放应符合卫生要求，定期进行检查，地面干爽、通风、干净。要做防鼠、防虫措施。并且给予明显标识。

❓ 思考题

1. 某班组使用某根胶辊复合，配置255kg黏合剂，其工作浓度为30%，共复合了50000m产品，若上胶压辊宽度为500mm，剩胶为5kg，那么该网辊的干胶上胶量是多少？

2. 包装生产企业业务部接到一张订单，订单信息如表6-10所示。

表6-10　订单信息

单　号	10153
客户名称	××有限公司
产品名称	黑色印刷膜
产品规格	1020mm×2000m
产品结构	NY15/IPE50
产品数量	17800m
型号	卷膜

请根据分切方向及各工序的损耗率计算原材料的领用量，并填写统计单，如表6-11所示（注：NY 的密度为 1.15g/cm³，IPE 的密度为 0.92g/cm³）。

表 6-11　产量、损耗统计单

原材料	横排数：1	损耗	印刷 626m	复合 1.5%	分切 0.5%
印刷原材料	NY 15μm	1020mm	领料量：＿＿m	完工：＿＿m	材料耗用＿＿kg
复合原材料	IPE 50μm	1020mm	领料量：＿＿m	完工：＿＿m	材料耗用＿＿kg
—	—	—	—	分切完工	纸管 1022mm
生产制表		日期		生产审核	日期

操作训练

在市场调研基础上，为汰渍 360° 全能清新香型 320g 无磷洗衣粉包装袋设计生产工艺。

R eferences
参考文献

[1] 伍秋涛. 软包装结构设计与工艺设计 [M]. 北京：印刷工业出版社，2008.

[2] 江谷. 软包装材料及复合技术 [M]. 北京：印刷工业出版社，2008.

[3] 郑美琴. 复合软包装结构设计探讨 [J]. 印刷技术·包装装潢印刷，2010（12）：21-22.

[4] 陆佳平. 复合软包装结构设计与技术应用 [J]. 中国包装，2006.

[5] 江继忠. 软包装材料结构工艺设计 [J]. 乳品加工，2006（9）：60-62

[6] 何晓辉. 柔性版印刷原理与实践（1-4卷）[M]. 北京：化学工业出版社，2007.

[7] 赵秀萍，高晓滨. 柔性版印刷技术 [M]. 北京：中国轻工业出版社，2007.

[8] 严格. 柔性版印刷工艺 [M]. 北京：印刷工业出版社，2008.

[9] 陈永常. 复合软包装材料的制作与印刷 [M]. 北京：中国轻工业出版社，2007.

[10] 何新快，胡更生，吴璐烨. 软包装材料复合工艺及设备 [M]. 北京：印刷工业出版社，2007.

[11] 伍秋涛. 实用软包装复合加工技术 [M]. 北京：化学工业出版社，2008.

[12] 陈昌杰. 塑料薄膜的印刷与复合 [M]. 北京：化学工业出版社，2004.

[13] 余勇. 凹版印刷 [M]. 北京：化学工业出版社，2007.

[14] 王淑华. 现代凹版印刷机的使用与调节 [M]. 北京：化学工业出版社，2007.

[15] 王强. 凹印制版技术 [M]. 北京：印刷工业出版社，2006.

[16] 邓普君. 凹印基础知识 [M]. 北京：印刷工业出版社，2008.

[17] 谢一环. 凹版印刷操作教程 [M]. 北京：化学工业出版社，2011.

[18] 伍秋涛. 实用软包装复合加工技术 [M]. 北京：化学工业出版社，2008.

[19] 邢顺川，马军. 复合发展新方向——无溶剂复合浅谈 [J]. 塑料包装，2000（10）：45-47.

[20] 刘宁武，向宁. 浅析无溶剂复合工艺 [J]. 国外塑料，2006（24）：42-45.

[21] 陈昌杰. 解读无溶剂复合 [J]. 塑料包装，2008（18）：231.

[22] 吴孝俊，林龙杰. 无溶剂复合技术应用实践 [J]. 印刷技术，2009（4）：29-30.

[23] 王蓉佳，赵江，张为胜. 阻隔性检测设备发展现状 [J]. 塑料包装，2010（1）：23-26.

[24] 王华天，卢立新. 包装密封性检测技术方法 [J]. 中国包装，2009（7）：63-65.

[25] 伍秋涛. 软包装质量检测技术 [M]. 北京：印刷工业出版社，2009.

[26] 吴春明. 软包装企业实验室管理规范 [J]. 印刷技术，2006（20）：44-47.

[27] 王家驹. 利用气相色谱仪检测塑料软包装溶剂残留量 [J]. 印刷技术，2006（3）：17.

[28] 王庆国. 塑料软包装热封强度检测 [J]. 印刷技术，2006（3）：39-40.

[29] 陈全东. 软包装复合膜的检测技术分析 [J]. 塑料包装，2005（6）：20-22.

[30] 张红普. 复合软包装质量检测技术探讨 [J]. 中国包装，2002（2）：89.

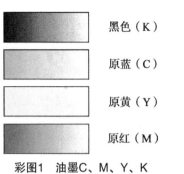

彩图1 油墨C、M、Y、K
示意图

彩图2 油墨间色示意图

彩图3 刀线

彩图4 色差

彩图5 漏印

彩图6 堵版

彩图7 毛刺

彩图8 漏印

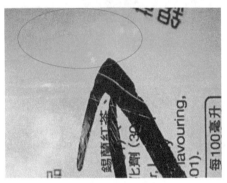

彩图9 细小斑点

彩图10 叠印不良

彩图11 套印不准

彩图12 气泡现象

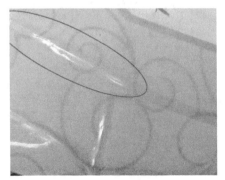

彩图13 隧道现象

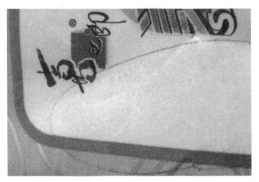

彩图14 复合白点

彩图15　过滤网

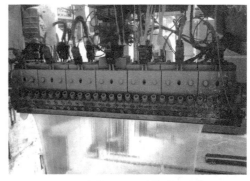
彩图16　T型模头

彩图17　调幅杆和阻流块

彩图18　复合部分示意图

彩图19　修边装置示意图

彩图20　喷粉器

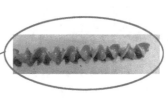
彩图21　静态混合器

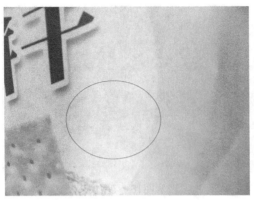

彩图22　复合膜气泡

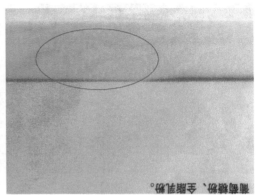

彩图23　橘皮状

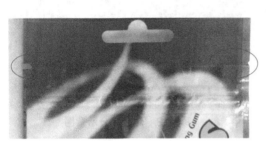

彩图24　制袋偏差

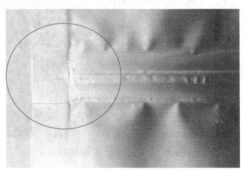

彩图25　封口折痕

彩图26　离层折痕现象

彩图27　制袋工艺图示